SCIENCE

UOYU KEXUE YOU   KEXUE

及科学知识，拓宽阅读视野，激发探索精神，培养科学热情。

仰望宇宙

世界各种科普知识，汇集大量精美图
个生动有趣的科普世界，让你体会
有趣，探索之旅是多么神奇！

吉林出版集团
北方妇女儿童出版社

图书在版编目(CIP)数据

仰望宇宙 / 李慕南,姜忠喆主编. —长春:北方
妇女儿童出版社,2012.5(2021.4重印)
(青少年爱科学. 我与科学有个约会)
ISBN 978 - 7 - 5385 - 6301 - 6

Ⅰ.①仰… Ⅱ.①李… ②姜… Ⅲ.①宇宙学 – 青年
读物②宇宙学 – 少年读物 Ⅳ.①P159 – 49

中国版本图书馆 CIP 数据核字(2012)第 061682 号

仰望宇宙

出 版 人　李文学

主　　编　李慕南　姜忠喆

责任编辑　赵　凯

装帧设计　王　萍

出版发行　北方妇女儿童出版社

地　　址　长春市人民大街 4646 号 邮编 130021
　　　　　电话 0431 – 85662027

印　　刷　北京海德伟业印务有限公司

开　　本　690mm × 960mm　1/16

印　　张　12

字　　数　198 千字

版　　次　2012 年 5 月第 1 版

印　　次　2021 年 4 月第 2 次印刷

书　　号　ISBN 978 – 7 – 5385 – 6301 – 6

定　　价　27.80 元

前　　言

科学是人类进步的第一推动力,而科学知识的普及则是实现这一推动力的必由之路。在新的时代,社会的进步、科技的发展、人们生活水平的不断提高,为我们青少年的科普教育提供了新的契机。抓住这个契机,大力普及科学知识,传播科学精神,提高青少年的科学素质,是我们全社会的重要课题。

一、丛书宗旨

普及科学知识,拓宽阅读视野,激发探索精神,培养科学热情。

科学教育,是提高青少年素质的重要因素,是现代教育的核心,这不仅能使青少年获得生活和未来所需的知识与技能,更重要的是能使青少年获得科学思想、科学精神、科学态度及科学方法的熏陶和培养。

科学教育,让广大青少年树立这样一个牢固的信念:科学总是在寻求、发现和了解世界的新现象,研究和掌握新规律,它是创造性的,它又是在不懈地追求真理,需要我们不断地努力奋斗。

在新的世纪,随着高科技领域新技术的不断发展,为我们的科普教育提供了一个广阔的天地。纵观人类文明史的发展,科学技术的每一次重大突破,都会引起生产力的深刻变革和人类社会的巨大进步。随着科学技术日益渗透于经济发展和社会生活的各个领域,成为推动现代社会发展的最活跃因素,并且成为现代社会进步的决定性力量。发达国家经济的增长点、现代化的战争、通讯传媒事业的日益发达,处处都体现出高科技的威力,同时也迅速地改变着人们的传统观念,使得人们对于科学知识充满了强烈渴求。

基于以上原因,我们组织编写了这套《青少年爱科学》。

《青少年爱科学》从不同视角,多侧面、多层次、全方位地介绍了科普各领域的基础知识,具有很强的系统性、知识性,能够启迪思考,增加知识和开阔视野,激发青少年读者关心世界和热爱科学,培养青少年的探索和创新精神,让青少年读者不仅能够看到科学研究的轨迹与前沿,更能激发青少年读者的科学热情。

二、本辑综述

《青少年爱科学》拟定分为多辑陆续分批推出,此为第一辑《我与科学有个约会》,以"约会科学,认识科学"为立足点,共分为 10 册,分别为:

1.《仰望宇宙》
2.《动物王国的世界冠军》
3.《匪夷所思的植物》
4.《最伟大的技术发明》
5.《科技改变生活》
6.《蔚蓝世界》
7.《太空碰碰车》
8.《神奇的生物》
9.《自然界的鬼斧神工》
10.《多彩世界万花筒》

三、本书简介

本册《仰望宇宙》囊括宇宙的万千精彩。数十个世纪里,人类一直感受着自然造物的神奇,同时也用自身行动不断给世界制造着惊喜。世界究竟有多奇妙?本书能以最真实的记录告诉你。你知道最亮的恒星是哪颗吗?最厉害的宇宙爆炸能释放出多少能量?距离地球最近的星到底有多近?……每一个宇宙奇观都令人目瞪口呆,拍案叫绝!精彩的选点、图文结合的方式,将引领你以全新的检索方式对宇宙进行一次别开生面的了解与认知。

本套丛书将科学与知识结合起来,大到天文地理,小到生活琐事,都能告诉我们一个科学的道理,具有很强的可读性、启发性和知识性,是我们广大读者了解科技、增长知识、开阔视野、提高素质、激发探索和启迪智慧的良好科普读物,也是各级图书馆珍藏的最佳版本。

本丛书编纂出版,得到许多领导同志和前辈的关怀支持。同时,我们在编写过程中还程度不同地参阅吸收了有关方面提供的资料。在此,谨向所有关心和支持本书出版的领导、同志一并表示谢意。

由于时间短、经验少,本书在编写等方面可能有不足和错误,衷心希望各界读者批评指正。

本书编委会
2012 年 4 月

目　　录

一、天体星球之最

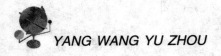

二、天文研究之最

仰望宇宙

一、天体星球之最

最大的星系

在宇宙内，最大的星系是距离地球大约 10.7 亿光年的阿贝尔 2029 星系群的中心星系，其直径为 5.60 万光年，此星系相当于银河系直径的 80 倍。

太阳系最大的行星

木星为太阳系最大的行星，是太阳系中八大行星中的第五大行星，距离太阳大约 7.8 亿公里。

如果木星是个中空的球体，那么其内部大约可以放入 1300 个地球，可见这颗行星有多么巨大。不过由于木星的密度较地球低，其质量仅为地球的 317 倍。

夜空中最明亮的恒星

在夜晚的星空中，看上去最明亮的星星是天狼星。它位于大犬星座之中。春季，它在西南方的天空中熠熠发光。它的质量是太阳的 2.3 倍，半径是太阳的 1.8 倍；光度是太阳的 24 倍。天狼星距离地球比较近，只有 8.56 光年，因此，它看起来显得特别明亮。

离太阳系最近的恒星

地球是太阳系中的一个普通成员，太阳则是银河系里的一颗普通恒星。银河系中约有 1000 亿颗恒星，其中距离太阳系最近的一颗恒星叫做比邻星，它离太阳的距离是 4.22 光年。4.22 光年相当于 399.233 亿公里。

日珥

迄今为止宇宙最大的日珥

太阳表面好像是火的海洋，火焰在不断地翻腾起伏。有时，像火舌般的巨大火焰突然腾空而起，景象十分壮观，这就是日珥。1946 年 6 月 4 日，天文学家观测到自有记载以来的最大的一次日珥。这次日珥，底部宽达 112500 公里，高达 48 万公里。

离地球最远的天体

哈勃太空望远镜观测到一个神秘天体，天文学家根据天体发生的红移现象判断它和地球的距离，红移越大，说明距离越远。目前最远能看到距地球 120 亿光年的天体。红移达到 6.7 的一个星系和达到 5.8 的一个类星体，是迄今为止所观测到的最远的天体。

据巴尔迪摩太空望远镜科学研究会的布鲁斯·迪金森介绍，哈勃太空望远镜发现的新天体，可能是一颗，虽然距离地球不远，但却极其黯淡的星系，即所谓碳星，或是一个已知宇宙内最遥远的天体。

最隐蔽的行星

1999 年 2 月，美国马里兰大学的罗宾卓莫海卜博士宣布在银河系边缘发现了巨大的光环式星体群，被称为 MACHOS。尽管我们看不到此星，但是由于其重力对于其他背景星光线的折射而为我们所觉察，该星体群可能有绕其旋转的反射卫星，有生命体存在。该生命体能够看到自身的反射星系而对我们的星系却一无所见，正如我们对他们的星系一无所见一样。

德国天文学家最近利用"斯皮策"红外望远镜，第一次捕捉到太阳系外行星的图像，直接证明了太阳系外有行星围绕类太阳恒星运行的推测。

由于恒星发出的光比围绕其运行的行星所反射的光要亮许多倍，因此，太阳系外行星很难被直接观测到。天文学家一般是通过观察行星在恒星表面造成的引力效应，或是在行星运行到恒星前方时观察到恒星光芒出现短暂黯淡现象，来判断行星的存在。过去的 10 年中，天文学家在太阳系外发现了近 150 颗行星，但都是通过间接手段来实现的。

据英国《新科学家》网站报道，距离地球约 400 光年的一颗年轻恒星及围绕它运行的一颗行星为天文学家提供了很好的观测条件。德国耶拿大学天文物理学院的研究人员利用"斯皮策"红外望远镜，观测到一颗名为"GQ 卢皮"的恒星附近始终有一颗星体。研究人员根据两个原因断定，该星体是围绕"GQ 卢皮"的行星。首先，它本身具有温度，却不及"GQ 卢皮"恒星的温度高。从两者温度的差别来看，这颗星体很像是一颗"年龄"不大的行星。因为它刚诞生不久，表面温度较高，所以能够在红外望远镜镜头上"现身"。其次，根据 1999 年到 2004 年间美国哈勃望远镜、日本的昴宿星团望远镜和架设在智利的欧洲南方天文台望远镜拍摄到的一系列图像判断，这颗星

体和"GQ 卢皮"间的距离一直没有变化。因此,它肯定是围绕"GQ 卢皮"的一颗行星。

据报道,德国耶拿大学天文物理学院院长拉尔夫·诺伊霍伊泽说,这颗行星是太阳系外直接通过照片发现的第一颗行星。这颗行星还很年轻,质量是木星的两倍,约有 2000 摄氏度的高温,环绕"GQ 卢皮"恒星运行一周约需要 1200 年,两者之间的距离是太阳与地球距离的 100 倍以上。恒星"GQ 卢皮"年龄最多有 200 万岁,比 46 亿岁的太阳要"年轻"得多,质量相当于太阳的 70%。

最暗的星系——"仙女座 – IX"

美国天文学家小组在仙女座中发现了迄今为止宇宙间最暗的星系——"仙女座 – IX"。

2003 年，科学家们曾在小熊座中发现了一个极其昏暗的星系，并将其视为宇宙间最暗的星系。谁曾料想，科学家们最近在仙女座中发现的这个被称为"仙女座 – IX"的星系亮度还不及去年发现的这个"最暗"纪录保持者的一半。

据来自"太空网"的消息称，该星系与地球的距离约为 200 万光年，它看上去"比夜空还要暗 100 倍"。天文学家们表示，该星系的亮度约是银河亮度的十万分之一。然而，据美国天文学协会的一些成员表示，"仙女座 – IX"也不会永久地保持其最暗纪录，今后科学家们还会发现一些更暗的天体。

距地球最远的星系

2007 年 7 月 1 日，美国宇航局太空网报道，天文学家已经发现了迄今为止，所观测到的距离地球最远的星系。这些遥远的星系距离地球大约 130 亿光年。

太阳系内的 3 颗最暗最小的天体

　　天文学家使用美国宇航局的哈勃太空望远镜，发现了太阳系内的 3 颗最暗最小的天体。这些小天体运行在海王星轨道外，由冰和岩石组成，体积仅约美国费城般大小，自从太阳系诞生 45 亿年以来，一直在海王星和冥王星的轨道外运行。还有许多类似的天体都聚集在这个被称为"柯伊伯带"的环形区域。但令人吃惊的是，"哈勃"只发现了几颗在"柯伊伯带"运行的天体。伯恩斯坦和其同事本来希望使用"哈勃"能发现至少 60 颗直径为 15 公里以下的天体，但到目前为止只发现了 3 颗。

最先发现的脉冲星

2003 年美国东部时间 11 月 23 日（北京时间 11 月 24 日），天文学家们在充斥着能量波的宇宙中，探测到了一颗非同寻常的脉冲星。新发现的脉冲星所发射的光波只持续了 43 微秒，使之成为一只极其精确的时钟，从而有助于天体物理学家了解致密的星体为何能够以奇妙的速度旋转。

脉冲星是超新星爆发过程中死亡的庞大星体的坍塌核心。强大的重力将坍塌的星体核心挤压成一颗直径大约 20 公里的中子星，其质量比我们的太阳还要大。新生的中子星常常剧烈地旋转，并向太空中喷射出锥形的能量波。我们在天文望远镜中观察到的这种情形，就好像灯塔中的闪闪光焰。经过几百万年之后，这类脉冲星的转速才逐渐减缓，并且其脉冲能量才逐渐衰弱。然而，如果另一颗伴星向脉冲星表面喷射气体，则这颗陈旧的脉冲星又能够"再生"。双星融会的物质促使陈旧的脉冲星加速旋转，一直达到每秒钟旋转数百次。

脉冲星

迄今为止两颗最小的天王星卫星

2003 年美国东部时间 9 月 28 日（北京时间 9 月 29 日），天文学家们借助哈勃太空望远镜，在天王星周围发现了迄今为止，两颗最小的天王星卫星。据统计，天王星的卫星总数已达到 24 颗，是太阳系卫星总数最多的行星之一，仅次于土星和木星。

这两颗小卫星的直径大约为 8～10 英里（12～16 公里），相当于美国旧金山的大小。它们的卫星轨道要比天王星 5 颗最主要的卫星更近于天王星，大约只有几百公里的距离。

藏在仙女座星云中的新星系

2003 年 9 月 22 日，美国凯斯西部保留地大学的天文学家们宣称，发现了隐藏在仙女座巨型螺旋形星云中的新星系。这个被命名为仙女座 -8 的新星系如今终于在科学界重见天日。科学家们还观测到，这一新星系中的部分星体还有着其特殊的运行速度。

每一年，天文学家们都发现 1 至 2 个与我们相邻的星系。但是本次在我们已知的星系中发现新星系，还真是令天文学家们出乎预料之外。

移动最缓慢的星系

在 2005 年 3 月 4 日出版的《科学》杂志上，位于英国剑桥的"哈佛·斯密森天体物理中心"科学家马克·里德等人撰文披露，他们的研究小组发现了"移动"最缓慢的星系。这个被命名为 M33 的星系，位于仙女星座，远离地球 240 万光年，围绕着另一个星系转动。马克·里德等人使用了美国的长基线天文望远镜经过两年半的观测，才发现了 M33 星系。它的"移动速度"很慢，在一年时间内才转动了千分之八度。马克·里德形象地说，这一速度相当于一个在火星表面上爬行的蜗牛的速度的 1/100。

卫星最多的行星

目前，卫星最多的行星是木星。木星古称岁星，是八大行星中最大的一颗，是地球重量的 318 倍，比所有其他行星的合质量大 2 倍。木星是天空中第四亮的物体，仅次于太阳，月球和金星。木星的卫星目前是 63 颗，已命名的有 40 颗。

"木卫一"是木星的卫星中最著名的一颗，离木星很近，平均距离约 42 万公里。它的体积并不是很大，直径约 3640 公里，密度和大小有些类似于月球。

公转速度最快的行星

目前，公转速度最快的行星是水星，它围绕太阳转一周只需要88天，自转一周需要58天15小时30分钟，水星上的一天相当于地球上的59天。

水星在八大行星中是最小的行星，同时也是最靠近太阳的行星。它的轨道距太阳4590—6970万公里之间，水星也没有自然卫星。

距离地球最近的星球

距离地球最近的星球是月球，它与地球的平均距离约为384401公里。月球，俗称月亮，是地球唯一的天然卫星。月球的平均直径约为3476公里，是地球直径的3/11。月球的表面积有3800万平方公里，还没有亚洲的面积大。月球的质量约7350亿吨，相当于地球质量的1/81，月球表面的重力则差不多相当于地球重力的1/6。

自转最慢的行星

　　自转最慢的行星是金星。金星围绕太阳公转的轨道是一个很接近正圆的椭圆形，且与黄道面接近重合，其公转速度约为每秒 35 公里，公转周期约为 224.70 天，但其自转周期却为 243 日。

　　金星是太阳系中八大行星之一，按照离太阳由近及远的次序是第二颗。它是距离地球最近的行星。中国古代称之为太白或太白金星。金星的自转方式很特别，是太阳系内唯一逆向自转的大行星，自转方向与其他行星相反，是自东向西。因此，在金星上看，太阳是西升东落。

金星

自转最快的行星

在太阳系中，自转最快的行星是木星，它的自转周期为 9 小时 50 分 30 秒，比地球的自转快了近两倍半。

木星的质量相当于地球的 1316 倍。如果把地球和木星放在一起，就如同芝麻和西瓜之比一样悬殊。由于木星的椭圆轨道半长径是 5.2 个天文单位，围绕太阳一周大约需要 12 年，所以木星的一年相当于地球的 12 年。

太阳系中最大的卫星

太阳系中最大的卫星是木卫三，它的直径比水星大，约为 5276 千米。

木卫三是环绕木星运行的一颗卫星。早在 2000 多年前，我国战国时楚国的著名天文学家甘德就发现了，可因为当时科学还不被广泛普及，所以这个结论被认为是谬论。直到 1610 年，伽利略发现后才证实了这一说法。

木卫三仅需要一个多星期即可绕木星旋转一圈，离木星有 1070000 公里。木卫三的表面很粗糙，混有两种地形：非常古老、陨坑遍布的黑暗区，和相对年轻的、有着大片凹槽和山脊的较明亮地区。

最大最亮的恒星

美国天文学家们发现了一颗新恒星，它被认为是迄今为止所发现的所有星体中最大、最亮的恒星，而且目前现有的恒星形成理论根本无法解释这一庞然大物的产生历史。

这颗被命名为 LBV 1806－20 的恒星约比太阳亮 500—4000 万倍，其质量至少比太阳大 150 倍，其直径约是太阳直径的 200 倍。据《纽约时报》报道称，如果将 LBV 1806－20 与太阳相比较的话，恰如将水星与太阳相比。

佛罗里达大学的天文学家埃克伯利博士表示，我们对银河十年来的观察最终还是取得了一些成就，原来那里竟然还隐藏着如此的巨型怪物。

恒星

尽管 LBV 1806－20 比太阳亮数百万倍，但是要看见它还得费些周折。它距离我们 45000 光年远，并处于银河的另一边，而且被众多的尘埃覆盖着，它仅有 10% 的红外光能够到达地球。

事实上，LBV1806－20 早在 90 年代就被发现，当时天文学家们曾将其列入寿命不长的蓝星范畴，而且还预言其质量仅比太阳大 100 万倍。但是，经过设在加利福尼亚和智利的两个天文观测台最新的多次观测后，科学家们获取了高质量照片并对该恒星的质量和亮度重新进行了评估和界定。

埃克伯利表示，天文学家们一贯认为，超重恒星事实都是由多个体积较小的星体聚集而成的，然而此次所拍摄的高清晰度照片却排除了这种可能。

距离我们最近的恒星

太阳是距离地球最近的恒星，是太阳系的中心天体。太阳系质量的99.87%都集中在太阳，它强大的引力控制着大小行星、彗星等天体的运动。

它孕育了地球文明，并且始终影响着地球生物。它是惟一可以详细研究表面结构的恒星，是一个巨大的天体物理实验室。但太阳只是银河系内一千亿颗恒星中普通的一员，位于银河系的对称平面附近，距离银河系中心约33000光年，在银道面以北约26光年。它一方面绕着银心以每秒250公里的速度旋转，另一方面又相对于周围恒星以每秒19.7公里的速度朝着织女星附近方向运动。

日核是太阳的中心核反应区。约占太阳半径的20%，集中了太阳质量的一半。高温高压使这里的氢原子核聚变为氦，根据爱因斯坦的质能转换关系，每秒钟有质量为6亿吨的氢热核聚变为5.96亿吨的氦，释放出相当于400万吨氢的能量。根据目前对太阳内部氢含量的估计，太阳至少还有50亿年的正常寿命。

日核外面一层称为辐射区，范围从0.25个太阳半径到0.86太阳半径，边缘温度约为70万开。从日核反应区发出的能量开始是以高能伽马射线的形式发出，辐射区通过对这些高能粒子的吸收、再发射实现能量传递，经过无数次这种再吸收再辐射的漫长过程。高能伽马射线经过X射线、极紫外线、紫外线逐渐变为可见光和其他形式的辐射。若没有辐射区的中介作用，太阳将是一个仅发射高能射线的不可见天体。

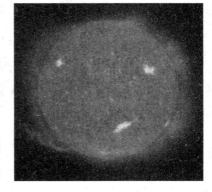

太阳

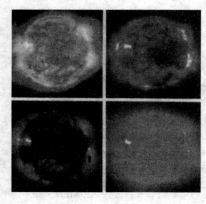

太阳图

对流层在辐射区外侧，太阳气体呈对流的不稳定状态，厚度大约 14 万公里。这里的温度、压力和密度变化梯度很大，物质径向对对流运动强烈而又非均匀性，可产生低频声波，将机械能通过光球传输到太阳的外层大气。

对流层上面的太阳大气称为光球，温度约 5770 度。由于光球内的温度随深度而增加，大气透明度有限，因此在观测中有临边昏暗现象。我们在地球上看到的几乎全部可见光都是从这一层发射出的。光球上最显著的现象是太阳黑子，由于它比周围区域的温度相对较低约为 4200 度，使其看起来是"黑"的。光球面上存在着不随时间变化且均匀分布的米粒状气团，它们呈激烈的起伏运动，是从对流层上升到光球的热气团，称为米粒组织。他们的直径约 1000 到 2000 公里，时而出现，时而消失，寿命约十分钟。此外还存在超米粒组织，尺度达三万公里左右，寿命约 20 小时。光球厚度约 2000 公里，几乎是透明的，平常看不到，只有在日全食时或使用专门的滤光镜观测。

色球温度从底层的 4500 度上升到顶部的数万度，其上面玫瑰红色的舌状气体如烈火升腾，称为日珥。大的日珥高于日面几十万公里，还有无数被称为针状体的高温等离子小日珥。小日珥高达 9000 多公里，宽约 1000 公里，平均寿命约五分钟。在色球与日冕之间有时会突然发生剧烈的爆发现象，称为耀斑。耀斑常发生在黑子群附近上空，耀斑出现时，从射电波段到 X 射线的辐射通量会突然增强，同时大量高能粒子和等离子体喷发，对地球空间环境产生很大影响。

太阳的最外层是日冕，它由高温、低密度的等离子体组成。日冕温度达一二百万度，如此高的温度使气体获得克服太阳引力的动能，形成不断发射的较稳定粒子流太阳风，这也是造成彗星尾背向太阳的主要动力。

最有名的超新星

在恒星世界里，有时会出现一种奇怪的现象：一颗本来较暗的恒星，突然变得很亮。这种亮度发生剧烈变化的恒星，在天文学上称为变星。古代人把变星称为"客星"。

变星有多种，其中亮度变化最剧烈的变星叫超新星。一般认为，恒星所以会突然变得很亮，主要是由于这颗恒星发生了猛烈的爆发，放出巨额的能量。

这种爆发是这样产生的：恒星内部较轻的元素（氢、氦）通过热核聚变反应，不断燃烧。当较轻的元素全部用完之后，引力和斥力之间的平衡被破坏，恒星会产生收缩。恒星收缩的结果使内部温度继续升高，开始另一种新的热核反应，聚变为更重的元素，同时放出热能，从而处于新的平衡状态。但是，恒星演化到后期，到了铁元素形成之后，再继续聚合成更重的元素的核反应过程，同前面的反应过程有一个本质的不同：它们不辐射出能量，反而要从外界吸收大量的热量。这样，恒星的引力和斥力得不到平衡，恒星就迅速塌缩，中心的压力猛增，电子被压到原子核内，同核内的质子结合成中子，形成中子核。当大量物质向中子核塌缩时，就会在很短的时间内释放出惊人的能量，发出强烈的光。这些能量足以使恒星的外壳爆炸破裂，并将它们抛向宇宙空间。爆发是恒星演化过程中产生的

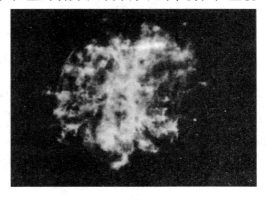

超新星

一种重要现象，因此超新星的研究在天文学上占有很重要的地位。

超新星爆发时释放出来的能量为 1047—1052 尔格，相当于 1 秒钟内爆炸了 1018 个一百万吨级的氢弹；亮度增加千万倍，比太阳亮几亿倍。

根据历史记载，最有名的超新星是我国 1054 年记录到的金牛座超新星。它是一颗最明亮的超新星。这次超新星爆发记载，以我国《宋会要》中的记录最为完整、精确："嘉祐元年三月，司天监言：'客星没，客去之兆也'。初，至和元年五月晨出东方，守天关。昼见如太白，芒角四出，色赤白，凡见二十三日"。可见，这颗超新星是十分明亮的，它在明亮的白天尚且芒角四射，1054 年 7 月 4 日起的 23 天中，人们都能清楚地看到。

这颗超新星爆发时抛射出来的气体壳层，在 18 世纪由一个英国人首次观测到。它呈一团模模糊糊的云雾状的东西。因它的外形像一只螃蟹，所以称它为蟹状星云。

迄今宇宙最深处

美国宇航局说，"哈勃"太空望远镜新拍到了迄今有关可见宇宙最纵深景观的照片，这张具有历史意义的照片中可能包含着宇宙诞生后不久产生的最早期星系。

宇宙最深处

科学界普遍认为，宇宙诞生于距今约137亿年前的"大爆炸"。在"大爆炸"后的3亿年中，宇宙处于黑暗和冷寂状态，随后第一批恒星以及星系开始产生。"哈勃"新拍下的照片捕获到的正是宇宙中首批星系所发出的光芒。

美国宇航局在公布新照片时称，该照片是根据"哈勃"望远镜两台相机的拍摄结果合成的，共包含约1万个星系。从照片上看，这些星系仿佛散落在黑天鹅绒上的宝石。照片覆盖的太空区域相当狭窄，仅相当于满月直径的十分之一。天文学家们说，照片上的星系如此暗淡和遥远，寻找它们就好比拍摄月球上飞着的萤火虫。

新照片拍摄时间从当年9月持续到次年1月，其间"哈勃"围绕地球运转400圈，太空望远镜上的相机共完成了总计100万秒的800次曝光。照片中不仅包括大批经典的螺旋形和椭圆形星系，也可以看到类似牙签等形状的其他一些古怪星系，还有少数星系似乎进行着碰撞等相互作用。据天文学家分析，这些形状古怪的星系表明当时宇宙要更为混乱和无序。

天文学家们说，他们希望能借助新照片寻找到"大爆炸"后4亿到8亿年间宇宙中所存在的星系，从而为研究星系起源和演化提供新线索。他们指出，宇宙的演化与一个人的成长有点类似，最急剧的变化往往产生于最早期。因此，看到的宇宙景观越纵深，对宇宙的基础研究也将越深入。

最大的宇宙星系组图

　　安装在"哈勃"太空望远镜上的最新照相机拍摄到有史以来最大的宇宙星系组图，所包括的星系超过了 40000 个。据美国天文协会在美国亚特兰大发布的消息称，此次"哈勃"太空望远镜拍摄到的组图，虽然其视野的外围尺寸只有满月这么大，但是这样的尺寸是早先通过"哈勃"望远镜获得的星系图的 150 倍。

　　来自巴尔的摩太空望远镜科学研究所的萨尔达·乔吉博士说，对天文学研究来说，这次获得如此大尺寸的星系组图，对了解银河系在过去 90 亿年（相当于宇宙年龄的 2/3）的演变非常重要。他还说，如果太空望远镜的视野

宇宙星系组图

狭窄，所得到的照片可能误导天文学家对宇宙星系演变的研究。

这次"哈勃"太空望远镜拍摄到的组图，是用 78 张先进观测照相机对天炉星座区域拍摄得到的照片合成的。整合过程就像是完成一个巨大的拼图游戏。该成果是一个被称为"星系演变形态和光谱能量分布"的星系观测项目的一部分，是由美国、德国等多国科学家合作完成的。

乔吉博士说，选择天炉星座区域进行拍摄，是因为目前科学家已经探测出该区域中大约 10，000 个星系和地球之间的距离，据此可以推算出光从这些星系出发到达"哈勃"望远镜所需要的时间。这样一来，天文学家就可以知道宇宙从初始到 45 亿年时天炉星座区域附近星系的形态。目前，宇宙的年龄大概是 137 亿年。

乔吉博士说，现在太空中的星系有 70% 以上看起来像银河系一样，呈有分隔的棒槌形，这种形态表示在星系中央有剧烈的星系爆发和新星球的形成。其他如椭圆形的星系则意味着该星系处于某种休眠状态。把这些不同形态的星系组合成一张大图，可以让天文学家更好地了解星系演变之谜。

移动最慢的星系

M33 的星系

在 2005 年 3 月 4 日出版的《科学》杂志上，位于英国剑桥的"哈佛·斯密森天体物理中心"科学家马克·里德等人著文披露，他们的研究小组发现了"移动"最慢的星系。这个被命名为 M33 的星系，位于仙女星座，远离地球 240 万光年，围绕另一星系转动。马克·里德等人使用了美国的"很长基线天文望远镜系列"经过 2 年半的观测，才发现 M33 星系。它的"移动速度"很慢，在一年时间内才转动了千分之八度。马克·里德形象地说，这一速度相当于一个在火星表面上爬行的蜗牛的速度的 1/100。

马克·里德所测量的"移动速度"只是天文学家所观测到的该星系在星空平面移动的速度，也称为"横向速度"，并不是星系实际的速度。星系距离地球越远，它的这一"横向速度"也就越小，因此很难测量。马克·里德等人的结果也是科学家第一次对远离银河系的星系得到"横向速度"的数据。

"很长基线天文望远镜系列"由 10 个镜头直径为 25 米的射电天文望远镜组成，这些望远镜分布在从夏威夷经过美国本土到加勒比海地区的广大地区，它们整体组合起来形成的分辨度很高，以至于人们能够看清远在几千公里外的一张报纸。正是由于具有这样的分辨度，马克·里德等人才能发现移动速度如此之慢的 M33 星系。正如马克·里德所说，"很长基线天文望远镜系列"是惟一的能进行这样测量的天文望远镜。

最古老黑洞

　　美国科学家在 2004 年 6 月出版的《天体物理学报》上发表了他们的最新研究成果，他们发现在距地球非常遥远的星系中有一个古老的黑洞，形成时间在 127 亿年前，即在形成宇宙的大爆炸之后大约 1 亿年。因此科学家为之惊奇，它如何在如此"短暂"的时间内，就聚集了如此大量的物质成为黑洞。

　　这个黑洞是科学家迄今所知的最古老的黑洞，科学家将它命名为 Q0906＋6930，它的重量是银河系所有恒星的总和，体积大到装下我们 1000 个太阳系还有余。领导该项研究的美国斯坦福大学天文学副教授罗杰·罗马尼说："这个黑洞在宇宙还十分年轻时就形成了，而且它的巨大体积，很让我们吃惊。像这样巨大的黑洞很少见。"科学家们初步确定这个黑洞的年龄约为 127

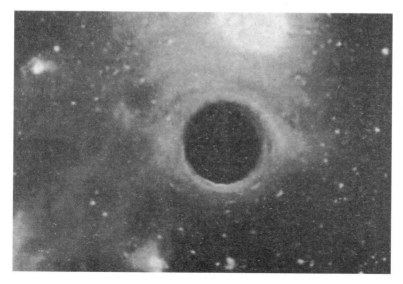

最古老黑洞

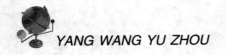

亿岁，也就是说，它在"大爆炸"之后10亿年内就已经形成了黑洞，是人类肉眼无法看见的，科学家只能通过测量它附近发射出的X射线和伽马射线，来确定它的存在，并测量它对位于它附近的星体的引力效应来确定它的质量。但是这个巨大黑洞如此之远，科学家找不到它附近适当星体。为了揭开这个庞然大物的质量之谜，天文学家们使尽了全身的解数——包括测量微粒的运动速度和多普勒效应强度。

罗杰·罗马尼说，科学家计划进一步测量位于它附近的发射出的X射线和伽马射线，对它进行精确的测量。到2007年，新的伽马射线天文望远镜的发射，将对研究这个大黑洞有更多帮助。不过，这个黑洞只是罗杰·罗马尼他们确定的要研究的200多个黑洞中的一个。

一般来讲，天文学家们将黑洞分为两类：星状黑洞和超大质量星状黑洞。星状黑洞由质量相当于几个太阳的恒星坍缩形成，而超大质量星状黑洞的质量则可达十亿个太阳质量。研究这类奇异的天体有助于更好地研究宇宙的构成。

水星之最

　　九大行星中水星最靠近太阳，水星和太阳之间的视角距不超过28度，我国古代称其为"辰星"。水星公转轨道的近日点进动受太阳强大质量影响，有每世纪快43"的反常进动，可用相对论解释。九大行星中，除地球之外，水星的密度最大。可能有一个含铁丰富的致密内核，直径大约和月球相当。1974年3月、9月和1975年3月，美国发射的"水手10号"探测了水星，向地面发回5000多张照片。水星地貌酷似月球，大小不一的环形山，还有辐射纹、平原、裂谷、盆地等地形。水星大气非常稀薄，昼夜温差很大，阳光直射处温度高达427℃，夜晚降低到－173℃。水星有出人意料的微弱的磁场和辐射带。

　　1. 离太阳最近

　　水星和太阳的平均距离为5790万公里，约为日地距离的0.387，是距离太阳最近的行星，到目前为止还没有发现过比水星更近太阳的行星。

　　2. 轨道速度最快

　　它离太阳最近，所以受到太阳的引力也最大，因此在它的轨道上比任何行星都跑得快。轨道速度为每秒48公里，比地球的轨道速度快18公里。这样快的速度，只用15分钟就能环绕地球一周。

　　3. 一"年"时间最短

　　地球每一年绕太阳公转一圈，而"水星年"是太阳系中最短的年。它绕太阳公转一

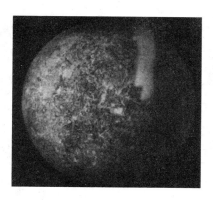

水星

周，只用 88 天，还不到地球上的 3 个月。这都是因为水星围绕太阳高速飞奔的缘故。难怪代表水星的标记和符号是根据希腊神话，把它比作脚穿飞鞋、手持魔杖的使者。

4. 表面温差最大

因为没有大气的调节，距离太阳又非常近，所以在太阳的烘烤下，向阳面的温度最高时可达 430 度，但背阳面的夜间温度可降到零下 160 度，昼夜温差近 600 度。是行星表面温差最大的冠军，这真是一个处于火和冰之间的世界。

5. 卫星最少的行星

太阳系中现在发现了越来越多的卫星，总数超过 60。但只有水星和金星是卫星数最少，或根本没有卫星的行星。

6. 一"天"时间最长

在太阳系的行星中，水星"年"时间最短，但水星"日"却比别的行星更长。在水星上的一天（水星自转一周）将近两个月（为 58.65 地球日）。在水星的一年里，只能看到两次日出和两次日落。那里的一天半就是一年，地球人到了水星上多么不习惯。

最遥远的行星

在九大行星中，离太阳的平均距离最远，质量最小的行星，要算冥王星了。它在远离太阳 59 亿公里的太空中姗姗前行。在西方，人们用罗马神话中住在阴森森地狱里的冥王普鲁托来称呼它，中文则译为冥王星。

冥王星的质量值为 0.0024 倍地球质量，体积为地球体积的 0.009 倍，赤道直径约为 2400 公里，平均密度为 1.5 克/立方厘米，是太阳系中最小的一颗行星，还没有月球大。

冥王星距离太阳太远，接受太阳辐射极少，所以表面温度很低，估计表面平均温度低于零下 200 摄氏度。如此的低温使大部分物质已凝结为固态或液态，只有氢、氦、氖还可能是气态。因此，冥王星如果有大气的话，也是极稀薄的，透明的。

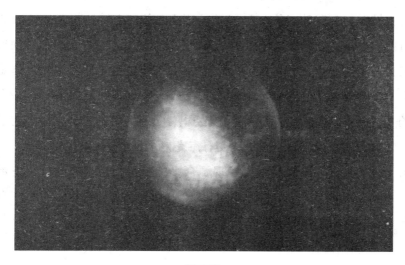

冥王星

冥王星的卫星

冥王星的公转周期为 248 年。它绕太阳公转的轨道非常奇特，是一个扁长的椭圆形，偏心率达到 0.25。冥王星离太阳最近时只有 43 亿公里，比海王星离太阳还近；离太阳最远时可达 72 亿公里。另外，八大行星绕太阳旋转的轨道基本都在黄道面内，而冥王星的轨道则与黄道面有 17 度左右的交角，因而冥王星有时在八大行星的上面运行，有时又跑到了它们的下面。冥王星的自转周期比较长，约为 6 天零 9 个小时。根据冥王星卫星的资料，估算出冥王星的自转轴与公转轴交角大于 60 度，因而是侧向自转，与天王星相似。

目前发现冥王星只有一颗卫星，被命名为"查龙"。查龙的公转周期与冥王星的自转周期一样，都是 6.39 天，这样的卫星也叫做同步卫星，这是太阳系内惟一的一颗天然的同步卫星，因此在冥王星上看到它的卫星是一个静止不动的大"月亮"。查龙的直径为 850 公里，是冥王星的三分之一。对于个头不算大的冥王星来说，这颗卫星确实有点大得出奇了。

由于科学家在冥王星附近又发现了众多的行星，甚至有的比冥王星要大得多。因此，2006 年 8 月 24 日，国际天文联合大会通过决议，把冥王星开除出太阳系，这样太阳系只有 8 颗行星。

最美丽的行星

土星是太阳系九大行星之一，按离太阳由近及远的次序是第六颗；按体积和质量都排在第二位，仅次于木星。它和木星在很多方面都很相似，也是一颗"巨行星"。从望远镜里看去，土星好像是一顶漂亮的遮阳帽飘行在茫茫宇宙中。它那淡黄色的、橘子形状的星体四周飘拂着绚烂多姿的彩云，腰部缠绕着光彩夺目的光环，可算是太阳系中最美丽的行星了。

古时候，我们称土星为"镇星"或"填星"，而西方则称之为克洛诺斯。无论是东方还是西方，都把这颗星与人类密切相关的农业联系在一起。

土星是扁球形的，它的赤道直径有 12 万公里，是地球的 9.5 倍，两极半径与赤道半径之比为 0.912，赤道半径与两极半径相差的部分几乎等于地球半

土星

土星

径。土星质量是地球的95.18倍，体积是地球的730倍。虽然体积庞大，但密度却很小，每立方厘米只有0.7克。

土星内部也与木星相似，有一个岩石构成的核心。核的外面是5000公里厚的冰层和8000公里的金属氢组成的壳层，最外面被色彩斑斓的云带包围着。土星的大气运动比较平静，表面温度很低，约为零下140摄氏度。

土星以平均每秒9.64公里的速度斜着身子绕太阳公转，其轨道半径约为14亿公里，公转速度较慢，绕太阳一周需29.5年，可是它的自转很快，赤道上的自转周期是10小时14分钟。

土星的美丽光环是由无数个小块物体组成的，它们在土星赤道面上绕土星旋转。土星还是太阳系中卫星数目最多的一颗行星，周围有许多大大小小的卫星紧紧围绕着它旋转，就像一个小家族。到目前为止，总共发现了23颗。土星卫星的形态各种各样，五花八门，使天文学家们对它们产生了极大的兴趣。最著名的"土卫六"上有大气，是目前发现的太阳系卫星中，惟一有大气存在的天体。

银河系内最古老的行星

2003 年 7 月 11 日，美国航空航天局的哈勃太空望远镜发现了银河系内人类已知的最古老的行星。该大型气态行星在 130 亿年前形成，围绕着一颗氦白矮星和毫秒脉动星 B1620－26 旋转。球状星团 M4 距离地球 47 光年，是离地球最近的球状星团，有超过 100100 颗恒星。M4 缺乏形成行星所需的重力元素，因此科学家们认为该气态行星可能在宇宙早期就已存在。这一发现为研究宇宙中行星的形成历史提供了新线索。

美国和加拿大天文学家在美国宇航局华盛顿总部举行的新闻发布会上介绍说，这颗气状行星大小与木星相当，质量相当于木星的 2.5 倍，处于代号为"M4"的球状星团核心区域附近。该星团包含的恒星数量在 10 万颗以上，位于距地球约 5600 光年的天蝎星座。

新发现的行星围绕由一颗脉冲星和一颗白矮星组成的双星系统运转。天文学家们早在 1988 年就观测到该系统中的脉冲星，随后又很快发现了其中的白矮星，并推断出还有第三个天体围绕它们运动。但这个天体究竟是一颗行

球状星团 M4

星，还是褐矮星或低质量恒星，天文学界在过去十多年中一直存在争论。

美加天文学家对"哈勃"望远镜的观测结果进行分析后推算出了该天体的精确质量。天文学家们说，这个天体质量仅为木星的 2.5 倍，用恒星或褐矮星的标准来衡量都显得太小，只能是一颗行星。

据天文学家们推测，这颗行星约在距今 127 亿年前、也就是导致宇宙诞生的"大爆炸"后约 10 亿年形成，它起初在"M4"星团边缘围绕一颗类似太阳的年轻恒星运转，随后二者一起落入恒星密集的星团核心区域，并被一颗中子星及其伴星俘获，形成一个混合系统。该行星围绕运转的恒星以及中子星随着时间的推移，最终分别变成了白矮星和脉冲星。

天文学家们认为，"M4"星团中发现的这颗行星不仅表明，在宇宙诞生早期、"大爆炸"后的头 10 亿年内，宇宙中就可能快速孕育出第一批行星，它也意味着宇宙中行星的数量也许比早先认为的多。曾有观点认为，类似"M4"的古老球状星团由于在宇宙早期形成，缺乏一些重元素，其中不可能包含行星。但美国和加拿大天文学家指出，他们的新发现显示"球状星团中有可能富含行星"。

最年轻的行星

美国宇航局（NASA）的"斯皮策"太空望远镜又建新功。该局负责天体观察的天文学家透露，"斯皮策"发现了一颗形成不超过100万年的"婴儿"行星，而这颗行星很可能是目前已知的所有行星中最年轻的。

这颗新行星位于金牛座，围绕一颗距离地球420光年、名为金牛座"CoKuTau4"的恒星运行。美国宇航局的天文学家利用"斯皮策"太空望远镜对金牛座的5颗恒星进行了长期观察，以往可

最年轻的行星

以清晰地看到这些恒星都带有尘埃盘。但最近他们发现"CoKuTau4"恒星的尘埃盘上，有一个环状区域并没有尘埃。从天文学的角度看，这可能意味着该恒星周围的尘埃物质已经聚积成了一颗新的行星。

威斯康星大学天文学教授丘吉尔称："太空望远镜让我们穿透尘埃，看到了行星形成的激烈演变过程。但迄今为止，这颗新行星还没有最后成型，需要在今后的观察中继续关注。"天文学家一致认为它不会超过100万年，这是一颗行星形成所需要的最短时间。

纽约罗切斯特大学太空专业的沃森教授对此发现颇感兴奋，他认为对这颗"婴儿"行星的跟踪研究，很可能给行星形成理论带来新的突破。沃森表示："有史以来第一次，我们通过太空望远镜看到了恒星周围尘埃组织的演变，而这些恒星可能与我们熟知的太阳系十分相似。"更令人惊讶的是，除了已被发现的这颗"婴儿"行星外，天文学家们发现"CoKuFau4"恒星周围至少还有300颗类似的新行星正在形成。华盛顿卡内基研究中心的波斯教授认为，这项发现在天文学上具有重大意义，它证明行星的形成具有普遍规律，而地球作为存在生命的行星，在宇宙空间中可能并非是惟一的。

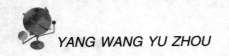
金星凌日之最

金星凌日

世界上第一个用肉眼观察金星凌日的人是阿拉伯自然科学家、哲学家法拉比（870至950年），他在一张羊皮纸上写道："我看见了金星，它像太阳面庞上的一粒胎痣。"据分析，法拉比目睹到这次金星凌日发生在公元910年11月24日。

世界上第一个向世人预告金星凌日是德国伟大的天文学家开普勒（1571～1630年）。他在1629年出版的《稀奇的1631年天象》一书中写道：1631年12月7日将发生金星凌日。

世界上第一个用天文望远镜观察金星凌日的是英国的天文学家霍罗克斯（1619～1641年）和克拉布特里。他俩在1639年12月4日用望远镜观察到17世纪最后一次金星凌日。

世界上第一个提出用金星凌日测量太阳视差和日地距离（天文单位）的人是英国天文学家哈雷（1656～1742年），他在1716年建议在世界各地联合观察金星凌日，并论述了利用金星凌日测量太阳视差的方法，这是当时精确测定太阳视差的理想方法。

世界上第一个发现金星有大气存在的人是俄国科学家罗蒙诺索夫。他在1761年6月6日观察金星凌日时发现金星有大气存在，这是人类在其他行星上首次发现大气。

"新地平线号"飞向冥王星

  2006年1月19日14时（北京时间1月20日3时），在美国佛罗里达州卡纳维拉尔角发射场上，一枚形似钢琴、重454千克的探测器——"新地平线号"呼啸升空，揭开了一项耗资6.5亿美元的冥王星探测计划的序幕。

  "新地平线号"以每秒16千米的巨大速度飞离地球，但由于冥王星离我们至少有60亿千米，实在是遥远之极，所以即使一切顺利，它到达目标时也已经是2015年7月了。"新地平线号"的主要任务是探测冥王星及它的3颗卫星，同时还将对更为遥远而神秘的"柯伊伯带"进行研究。这将对最终揭开冥王星及太阳系的成因提供重要的"证词"。

  "新地平线号"探测器长2.1米，重量接近1吨，由美国约翰·霍普金斯大学应用物理实验室设计制造。

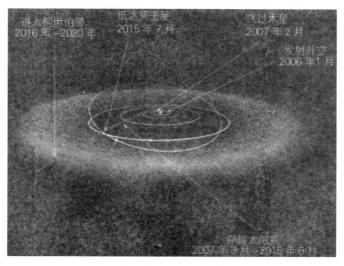

"新地平线号"的飞行路线示意图

由于"新地平线号"将远离太阳，无法以太阳能作为动力，因此它将携带10.9千克钚丸，利用其放射性衰变释放出的能量发电。这些钚丸装在坚固的放射性同位素热电发电机内，钚丸本身也经过特别设计，以限制其放射性向外扩散。

运送"新地平线号"的"宇宙神—5"型火箭拥有3级发动机，速度惊人。具体来说，"新地平线号"可以在9小时内飞过月球，而当年美国发射的"阿波罗"系列飞船需要用2天半时间。以这样的速度，从地球到木星，"新地平线号"仅要13个月。借助木星的巨大引力，这个探测器还将进一步提速，飞向遥远的冥王星。

冥王星是原九大行星中名副其实的"老幺"，也是迄今为止惟一没有飞船探访过的大行星。它的"体重"只有地球的1/5 000。它的直径只有2 300千米，这比月亮还小得多，一个月亮打碎了就可以团成5颗冥王星！

正因为它是那么不起眼，加上它的轨道又极为扁长，极为倾斜，离太阳最近时有45亿千米，最远时则达75亿千米，所以太阳上发出的每一束光，至少得经历4个多小时才能姗姗抵达冥王星。从冥王星上见到的太阳也只是一个星点，与满天的繁星相仿，只是比其他的星星亮得多而已。

冥王星

卡戎卫星

冥王星及其最大的卫星卡戎

冥王星是一个严寒彻骨的世界，即使在阳光普照下，其地表的温度也在—223℃左右，而到夜晚，则会降到—253℃，在这难以想象的严寒中，许多东西的性质都会发生奇妙的变化，如平时很易破碎的鸡蛋，这时会变得像皮球那样，摔在地上会跳得老高，而真正的皮球却早已碎裂成细末……它常年处于昏暗的低温下，把它称为冥王星是最贴切不过的了。

冥王星被发现得很迟，1930年3

月，美国年轻的天文学家汤博不畏艰辛，从 1929 年 1 月到 1930 年 3 月，在一架新仪器上花了 7 000 多个小时，检查了 3.222 亿颗星象，好不容易才把它请了出来。

"新地平线号"之所以选择在 2005 年发射，其中有一个原因就是纪念它的"75 岁生日"。冥王星绕太阳转一圈需要 249 年，从发现至今它在轨道上运行了还不到 1/3 圈，人们过去对它知之不多也是情理中的事。如果不是"哈勃"太空望远镜的神威，或许我们至今也不能目睹它的芳容。"哈勃"太空望远镜的观测资料告诉我们：冥王星的表面上有一些平行于赤道的"纹带"，两极地区也可能有极冠似的冰帽，还有 12 个黑白反差甚大的区域，科学家们估计，暗的部分是甲烷冰区，亮的地方则是氮的冰区。

按计划，"新地平线号"将在 2015 年靠近冥王星，展开为期 5 个月的探测。在此期间，"新地平线号"与冥王星的最近距离将只有不到 1 万千米，距离冥王星主要卫星冥卫一的最近距离为 2.7 万千米。

"新地平线号"还将探测"哈勃"太空望远镜新近发现的冥王星的另外两个较小卫星。

除此之外，"新地平线号"还有一个重要的任务，就是研究柯伊伯带内的情况，尽管这里与该带还有不小距离，但毕竟比距离地球近多了。可以肯定的是，处于太阳系边缘区域的柯伊伯带内，存在着很多由冰与岩石构成的天体，也是众多彗星的"老家"。人们普遍认为，在这些天体上面，很可能至今还保留着太阳系当初的原始物质，通过对于它们的研究，有望能帮助科学家揭开太阳系形成的诸多奥秘。

"新地平线号"在漫长的飞行中，为了节省能量，它上面的一些科学仪器与设备，多数时间将处于"冬眠"的状态，只是为了保险起见，科学家们会每年把它"唤醒"50 天左右，并对它们进行必要的性能测试，以保证在投入使用时万无一失。当飞船驶近到离冥王星约 100 万千米时，它会自动地睁开所有的"眼睛"，全神贯注地投入紧张的工作……

好在两三年的时间并不长，让我们静候它的佳音吧！

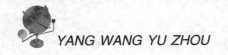
离奇的"天狼星人"

　　1862年，美国名不见经传的克拉克父子用他们研制的一架折射望远镜证实了天狼星确有一颗小星相伴，它实际上是一对双星。从此美国人的望远镜声名鹊起。更重要的是，人们从此发现了一种名为"白矮星"的新型恒星。因为从天狼伴星的大小及质量不难算出，它的密度竟超过了地球上任何东西！把那儿一个粉笔头大小的东西搬到地球上将重100多千克，一般人根本拿不动，以至于当年几乎没有人相信这样的事情。荣获1907年诺贝尔物理学奖的迈克尔逊接到一个在美国威尔逊天文台工作的朋友的电话，告诉他关于天狼伴星发现的事情，迈克尔逊惊讶地问："你说是物质的密度能比铅还大一些吗？"当他得到肯定的回答时，就斩钉截铁地说："那不可能，一定是这个理论在什么地方出了毛病！"当然，后来的事实表明，出错的却是这位一时脑筋转不过弯来的大科学家。

天狼星有颗神秘的伴星（下方的小点）

　　在众多有关天狼星的故事中，最轰动一时的莫过于"'天狼星人'访问了非洲"的新闻了。这是20世纪50年代，两位法国人类学家格雷奥勒与达特莱在论文中发表的震惊世界的消息。这两位法国人类学家曾于20世纪30年代到达非洲达贡地区（现属马里，当时是法国殖民地），他们为了科学，摒弃了殖民主义的偏见，克服了难以想象的各种困难，并与当地土著居民一起劳动、狩猎、生活，为达贡人治病，在共同生活了20年后，他们终于取得了

土著居民的充分信任。在他们回国前，达贡人的长老们向他们二人讲述了部落的"最高机密"——达贡人所了解的天文知识：地球和其他 5 颗行星一样，都在椭圆轨道上绕太阳运行；月亮则是一个干旱与死寂了的星球；木星有 4 颗卫星；土星有美丽的光环；天狼星是由一大一小两颗星组成的，小星绕大星转一圈需 50 年。长老们说："这颗小星是世界上一切事情的开端和归宿，它也是天上最小又是最重的星，在我们地球上还找不到密度有这么大的物质……"

格雷奥勒与达特莱听说后难以置信，连文字都还没有的达贡人，尚处于刀耕火种的蒙昧时代，他们从哪里知晓了如此丰富的天文知识？他们从哪里了解到有关肉眼根本看不见的天狼伴星的情况？

这个美丽的故事很快传遍了西方世界。20 世纪 60 年代，美国考古学家坦普尔循着他们的足迹到了马里，他有目的地在达贡地区寻访，在 8 年时间里，他多次与长老及祭司们交谈，四处搜集有关的资料和实物，在回国后即写下了《天狼星的奥秘》，书的副标题是：来自天狼星伴星上的智慧生命访问过地球吗？在书中，他绘声绘色地讲述了当年"天狼星人"降临地球的情景。

坦普尔因为此书而名利双收，很快成了当时的一个风云人物。

但是，天文学家很快发现了其中的破绽，因为达贡人的那些"先进的"天文学知识，即使在格雷奥勒与达特莱刚到达贡地区的 20 世纪 30 年代，也已显得陈旧过时了，当时人们已经知道了九大行星，木星的卫星也达到了 9 颗，此外还发现了火卫、土卫、天王卫与海王卫，达 23 颗之多。而且从天体演化的角度看，天狼星的伴星不会超过 4 亿岁，在这样短暂的时间内，其旁边即使有类似地球那样的行星，也根本来不及演化出生命，更不要说是比人类更高级的生命。

合理的解释是：很可能在格雷奥勒和达特莱到达之前，已有一些欧洲的传教士到过达贡地区，他们带去了天文知识，达贡人又加进了自己的神话故事，这才促成了离奇的"天狼星人"。

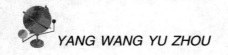
"宇宙小绿人"的召唤

1967年7月，英国剑桥大学建成了一个新型的射电望远镜阵，24岁的研究生贝尔小姐负责新仪器的观测与资料处理工作。不久贝尔小姐就发现，在过去的3个月中，她的记录中有一个非常奇特而神秘的无线电（也称射电）讯号，它总是极其有规律地发出同样的脉冲信号。她还查明，这个神秘的"太空电台"正好位于狐狸星座的方向上。11月，她向自己的导师休伊什做了汇报，可休伊什却以为这只是一种外界的干扰，委婉地叫她"不必理它"！

幸而贝尔小姐很有主见，这次她没有听从导师的劝告，决定一个人继续研究下去。11月28日，她分析出这个脉冲讯号的频率极为稳定，为1.337秒。这时休伊什刚看完一本科幻小说：在某个星球上有着一种高度发达的"小绿人"，它们可以利用自己绿色的肌肤直接进行光合作用，所以可以"不吃不喝"……于是他灵机一动，把贝尔小姐发现的那个射电讯号记为"LGM-1"——第一个"宇宙小绿人"的讯号，并孜孜不倦地探求起来，希望从此架起与外星文明沟通的桥梁。

可是到1968年的1月间，贝尔小姐发现，她收到的类似脉冲讯号至少有4个，它们来自不同的方向。这使她大惑不解，这么会有如此之多的"小绿人"同时向我们呼叫呢，而且它们竟会使用同样的频率？这只能说，她所面对的可能是一种过去从不知道的新型天体。

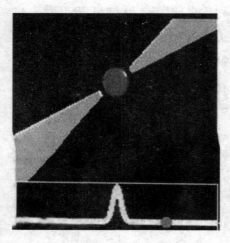

脉冲星就像宇宙中的灯塔

后来经过深入研究，这是一种"射电脉冲星"，简称"脉冲星"，并规定用"PSR"后加其坐标位置作它的名字，贝尔小姐最早发现的那个讯号就称为"PSR1919 + 21"。

1968 年 2 月，休伊什正式宣布了这个发现，后来它被列入了"20 世纪 60 年代天文学四大发现"之一，休伊什因此荣获了 1974 年度的诺贝尔物理学奖。但是，休伊什的获奖引起了巨大的争议，不少人为贝尔小姐受到了不应有的忽视而不平。

后来发现，脉冲星实际上就是 20 世纪 30 年代人们所预言的"中子星"，在这种天体上，所有的原子壳层已经全部被压碎了，电子被挤入了质子之中，二者原来所带的正电与负电正好抵消，全部变成了不带电的中子。

脉冲星的脉冲周期就是其自转周期，现在所知的几千颗脉冲星的周期都在 0.03 ~ 4.3 秒之间，也就是说，它们快的每分钟会转上 2 000 圈，慢的也能转 14 圈。研究还表明，脉冲星的质量比白矮星大，可是其直径却比白矮星小得多，大约在 10 ~ 20 千米之间，由此可知它的密度之大是白矮星望尘莫及的。1 立方厘米的中子星物质可能有 1 亿吨重，哪怕是黄豆大小的一粒东西，也得由万吨巨轮来载运。不过如果真把这颗"黄豆"运到地球上，它将没有"立锥之地"，因为它的巨大压强将压破地壳，向地球的中心飞坠而去。

与白矮星一样，脉冲星也是质量越大反而直径越小，所以它也有质量的上限——太阳质量的 3 倍。同样，脉冲星也是没有能源补充的垂死恒星，绝大多数的脉冲星已不再发光，只是发出很强的射电波，由于极为强大的磁场的约束，这种射电波只是集中于它的两个磁极地区（上图中的锥形区）喷射出来，所以到达地球时变成了一个个的脉冲讯号。

脉冲星的脉冲讯号极为稳定，可以与最好的原子钟媲美。例如，有一颗脉冲星的脉冲周期为 0.033 097 565 054 19 秒，准确度达到小数点后面 14 位，即百万亿分之一秒。

千姿百态的星云

在浩瀚无垠的宇宙中，除了色彩斑斓的各类恒星外，还有许多迷人的、形态各异的星云。由于这些星云一般本身并不发光，加上大多离我们十分遥远，所以除了猎户座大星云（M41）外，我们用肉眼很难见到它们那婀娜多姿的身影。

好在现在已有了威力巨大的天文望远镜，遥望这些星云人们无不惊叹它们的神奇，它们有的像怒放的玫瑰，有的如飘逸的丝巾，有的似雍容华贵的钻戒，有的与纷飞的蝴蝶无异……真是千姿百态，美不胜收。

星云物质都处于弥漫的状态，所以一般没有十分明晰的边界，其大小大致在 1~300 光年之间，平均是几十光年。小的星云质量只有太阳的十分之几，大的可能比太阳大数千倍，以此可以推算出，星云内物质极其稀薄，平均每立方厘米中只有几百个粒子（空气中是几千亿亿个），比一般实验室制造出的"真空"还稀薄得多！其成分主要是氢与氦，大致与恒星差不多，但很多星云中也有碳、氧、硫、硅、氯、镁、钾、钙甚至铁元素，更让人意外的是，在 20 世纪 60 年代，人们在这些几乎处于"绝对零度"（相当于 -273.15℃）、"绝对真空"的星云中，竟发现了一些分子，而且不少还是有机分子。现在人们发现的这种分子已多达 108 种，其中有 60 种是有机分子，分子量最大的是由 13 个原子组成的氰基癸五炔（$HG_{11}N$），含元素

形状棉桃的猎户座大星云，它也是惟一肉眼可见的星云

最多的分子则是甲酰胺（$HCONH_2$）。这也是后来地球生命来自宇宙的"天外说"能东山再起的一个重要原因。它被列为"20世纪60年代天文学四大发现"之一，而开创先河的两位天文学家获得了1964年的诺贝尔物理学奖。

暗星云的代表——马头星云

1974年，美国天文学家在银河系内发现了一个硕大无比的乙醇云，乙醇就是人们熟悉的酒精。他们测出，这个位于人马A中的乙醇云的质量是太阳的千分之一，即相当于2亿亿亿吨。以世界70亿人口计，即使个个都是海量，每人每天都畅饮上1千克，一年也只能消耗26亿吨，那它足够让人喝上700万亿年。

星云可分为弥漫星云（包括亮、暗星云）、行星状星云与超新星遗迹几类。从观测角度说，星云分为亮星云与暗星云两大类。前者都在发出淡淡的光，后者本身如一团黑影，只是靠了周围明亮的背景才衬托出它的轮廓。二者好像是一为照片，一为底片。不过研究表明，它们并没有实质性的区别，大小上不分伯仲，质量相差不多，内部的温度、压力也没有什么区别。亮星云完全是因为"运气"好，因为在这些星云中或其附近有较亮的恒星照耀着它们，才使它们"容光焕发"，而暗星云却没有遇到这样的亮星来惠顾它们，只是远远地在其背后有星光作衬托。由此可以推断，一定还有不少"命运"比暗星云还要凄惨的星云，它们连衬托的星光也没有，至今还明珠投暗，不为人所知呢。

太空中的"最亮星"

宇宙实在太大了，以现在的宇宙飞船的速度，至少要飞上好几万年，才能到达另一恒星的疆域。它们何年何月才能与"宇宙人"相会？于是人们寄希望于用射电望远镜发出无线电波。

1974年11月16日下午1时30分，美国天文学家利用世界上最大的305米直径的阿雷西博射电望远镜（坐落在波多黎各），以2 083兆赫的频率（波长12.6厘米）向M13球状星团发出了人类的第一份"家书"。考虑到"外星人"可能生活在与我们迥然不同的星球上，它们很可能与人类毫无共同之处，人类现有的任何文字或语言，对它们可能是"对牛弹琴"。因此，这份"家书"所用的是计算机语言，全由"0"和"1"组成。科学家认为，只有数学语言才有希望与"外星人"沟通。

这份"家书"共有73行，每行有23个数码符号，只要把这1 679个中的"0"涂黑，就能见到一幅"卡通"式的图画，如果把它"翻译"出来则是：

这是我们从1到10的记数法；

这是我们认为最重要的、最有趣的几种原子：氢、碳、氮、氧
及磷；

这是我们把这些原子混合起来得到的几种重要的分子：胸腺嘧
啶、腺嘌呤啶、鸟嘌呤、胞嘧啶以及一个含有交变碳酸化
合物和磷酸盐的长链；

这是把那些块状结构的分子放在一起组成的脱氧核糖核酸长分
子，它是一个双螺旋体，大约含有34亿个链；

这是一个形态笨拙的动物，但他很重要，他长14波长（176厘

米）；

这表示在我们的恒星旁第三个行星上，有 40 亿个这样的动物；

这表示太阳系有 9 颗行星，4 颗大的在较外面，但最末的 1 个也很小；

这是发送这问候电报的仪器，其直径为 2 430 个波长（305 米）。

你们忠实的朋友

为什么要把电报发给 M13 星团呢？这有两个原因：一是因为发报的阿雷西博射电望远镜的巨大天线是以一座死火山的火山口为基座的（当然也经过

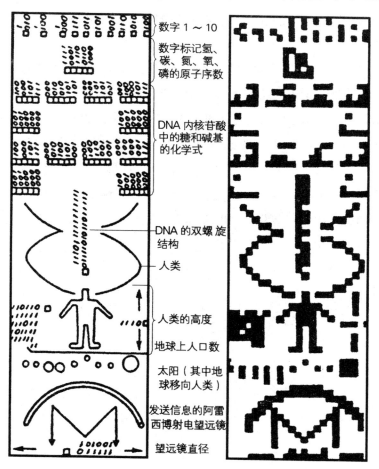

数字 1 ～ 10

数字标记氢、碳、氮、氧、磷的原子序数

DNA 内核苷酸中的糖和碱基的化学式

DNA 的双螺旋结构

人类

人类的高度

地球上人口数

太阳（其中地球移向人类）

发送信息的阿雷西博射电望远镜

望远镜直径

发向 M13 星团的"家书"，其中包含着极丰富的信息

整修），它基本上无法转动，只能把电波发向其正上方的天顶方向，当时位于它正上方的正好是 M13 星团（所有的天体都与太阳一样，每天在东升西落）；二是这个球状星团内包含有 30 多万颗恒星，只要生命的概率在 1/300 000 以上，就可能会有所收获，这比向单颗恒星发报的效率高得多。当然，也有不尽如人意之处，M13 星团离我们太遥远了——24 000 光年。所以，即使真的有"M13 星人"，它们至少也要在 24 000 年后才能收到我们的这份"家书"。即使"M13 星人"绝顶聪明，一下子就明白了地球人的良苦用心，而且一刻也不耽搁，马上发出热烈的响应，可它们的"回电"同样要走上 24 000 年，一个来回 48 000 年就过去了。48 000 年后的地球是什么情景，恐怕现在的人们还想象不出来呢！

这份电报一共发射了短短 3 分钟，相当于目前全世界发电总功率的 20 倍，要不是将波束聚焦，还有什么办法能产生发射所需的有效功率 20 万亿瓦呢？这次发射，其信号的亮度竟超过太阳 1 000 万倍。为此，阿雷西博天文台的天文学家不无自豪地说："在这 3 分钟内，我们是银河系中最亮的星！"

后来，人们又进行过几次有益的尝试，如 20 世纪 80 年代，苏联用乌克兰的巨大射电望远镜、1991 年澳大利亚用天线直径 64 米的射电望远镜，都曾向一些人们感兴趣的恒星发出过热情洋溢的"邀请函"，有人至今还在痴痴地等待着好消息呢！

又见星团

虽然 M13 星团与昴星团都是星团，但二者不可同日而语，有着很大的区别。

从外形看，银河星团并不规则，结构松散，而球状星团却大致呈现标准的球形，星星排列紧密，尤其是它的中心区域，更是显得密密麻麻，几乎难以把一颗颗恒星区分开来。从所含的星数讲，银河星团通常只有几十颗星，少数多的也不过几千颗星，而球状星团少的有几十万颗星，多的则可能有上千万颗星，二者相差 1 万倍。例如，M13 球状星团中至少有 30 万颗恒星，而人马星座中一个 M22 球状星团拥有 700 万颗星。

球状星团中心结团是一种假象，实际上那儿仍然十分空旷，因为那儿两

M13 球状星团

星间的距离是太阳到冥王星距离的 120 倍呢。从它们的分布状况说，银河星团集中于银河系的中心平面附近，而球状星团在银河系中分得很散，多数球状星团离地球都很远。还有一个区别就是，二者的范围也明显不同，银河星团大致是 10～30 秒差距的范围，彼此相差并不悬殊，球状星团则不然，大的球状星团如杜鹃星座的 NGC 2419，直径达 100 秒差距以上，而小的球状星团如天箭星座的 M71，直径还不到 5 秒差距。

其实二者最本质的不同，可能是它们处于不同的演化阶段。银河星团是比较年轻的星团，而球状星团则都是老态龙钟的"长者"，平均有 100 亿岁，其中半人马 ω 球状星团，已有近 160 亿岁的超高龄了。

众所周知，人类认识宇宙的第一个大飞跃是哥白尼的"日心说"；第二个大飞跃则是我们已多次提及的赫歇耳，他通过对于恒星的统计，证明恒星组成了更高一层次的天体系统——银河系，但他却错误地以为太阳正居于银河系的中心处。1915～1920 年，美国天文学家沙普利花了 5 年时间研究球状星团的空间分布，并得出结论，太阳并不在银河系的中心。

球状星团另一个功劳是，它证明了广袤的星际空间中，即使没有星云物质，也不是处于空无一物的真空状态，而是充斥着一种"星际介质"。星际介质有两种，一是星际气体，由氢与氦组成；二是星际尘埃，主要是冰晶、硅酸盐、石墨，及少量的铁、镁之类的金属微粒，其大小在微米或比微米更小一些。研究表明，尽管星际介质极为稀薄，但它不仅会使我们所见到的恒星的光更暗弱些，起到一种"星际消光"的作用，而且还会让星光稍稍变红一些，这就是"星际红化"作用。

近年来，球状星团更受人们的青睐，因为人们发现有一些球状星团会发出极强的 X 射线，就很有可能里面蕴藏着一些"巨黑洞"。

比星团更大的星系

在夏秋之夜抬头望天，总能见一条银光漫漫的"银河"横亘天际。我国古代牛郎织女的神话中，以为这就是专横的王母娘娘为拆散这对恩爱夫妻而划出来的大河，滔滔的河水让他们只能隔岸而泣，幸得有万千喜鹊在七月初七那天赶来架起一座"鹊桥"，才能让他们匆匆相聚，互诉一年内的相思之情。李白也曾把庐山的瀑布形容为"飞流直下三千尺，疑是银河落九天"。

西方古人干脆称银河为"牛奶路"，罗马人认为，银河本是天后的乳汁，因为大神裘匹特（相当于希腊神话中的宙斯主神）又得了一子，他让人把儿子送到妻子朱诺那儿。而朱诺事先对此一无所知，所以当小孩天真地爬到她身边要吮奶时，她大吃一惊，身体一下了失去了平衡，丰腴的乳汁也就喷溅出来，飞到天庭就成了银河。

在全天88个星座中，银河穿过了其中的1/4，达23个之多。但仔细观察不难发现，它在各处的亮度与宽度都各不相同，在人马星座那儿，它横跨30°，也是最明亮的区域，而最窄的地方却只有4°～5°而在天鹅星座向南的那儿，它竟分成了两条支流。

最早揭开银河奥秘的是意大利天文学家伽利略。1609年底，伽利略用自制的那架天文望远镜指向了银河，终于看清了它的庐山真面目——原来是密密麻麻的恒星互相争辉的星光才

银河系的形状：俯视似海星

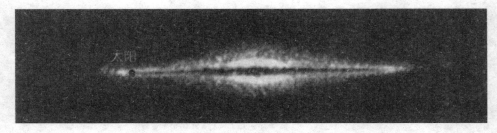

银河系的形状：侧看像铁饼

编织出了这道风景线。

　　由于地球在银河系的内部，所以关于银河系的具体形状，我们可能是永远不可能直接见到的，但我们完全可以通过观测其他星系来推断出它的外形。通过长年的研究，已确切地知道，银河系的直径约为 25 000 秒差距，相当于 8 万多光年（也有人简略地说为 10 万光年），如果能跃到它的上方来俯视，银河系就像一只美丽的大"海星"，但如从其侧面望去，它又很像是运动员甩的"大铁饼"。这真应了苏轼的名句："横看成岭侧成峰，远近高低各不同。"

　　银河系的主体部分称为"银盘"，银盘的中心平面就是"银道面"，因为太阳就在银道面的附近（距离 8 秒差距），所以我们看到的银道面就成了银河。银河系的中间部位是"银核"，银核的中心则是"银心"。现在知道，从银核中向外伸出了 4 条大旋臂，它们都是优美的曲线，而太阳系就位于其中的一条旋臂上，距银心约有 10 千秒差距，即相当于位于银盘半径的 4/5 处，差不多到了银河系的边缘了。

　　研究表明，银河系内的恒星多达数千亿颗，其质量约是太阳质量的 1 400 亿倍。然而有许多资料证明，这仅仅是那些可以看得见的物质的质量，宇宙中还存在着更多"看不见"的暗物质，它们的总数甚至是已知物质的数十倍。

最令人困惑的类星体

　　1985 年，英国为了体现中英人民之间的友谊，把 22 只已在中国灭绝 120 年之久的珍奇动物"四不像"护送到北京，一度引起了轰动，人们为它那奇特的憨态而倍感新奇。"四不像"的学名是麋鹿，它"角如鹿而非鹿，颈似驼而非驼，蹄类牛而非牛，尾像驴而非驴"。如今它们在江苏的一个自然保护区内无忧无虑地生活繁衍。

　　1963 年，天文学家在用射电望远镜观测时，在浩瀚的宇宙中发现了一种奇特天体，它们的照片如恒星，外形像星团，光谱似星云，而射电近乎星系，这真是天上的"四不像"。后来将这种奇特的天体定名为"QSO"，中译名"类星体"。类星体最大的特点是它的红移大得出奇，如最早确证的类星体 3G273 的红移是 0.158，也就是说，它正以 16% 的光速（相当于每秒 47 400 千米）远离我们。如果这个类星体本来发出的是绿色光，但在我们眼里却会因红移而变成了红光。后来发现这还算是红移比较小的类星体，因为在现在已经确证的近 10 万个类星体中，红移大于 1 的为数不少，最大的甚至超过了 6，值得自豪的是，4 颗红移超过 6 的类星体，都是中国天文学家樊晓晖所发现的。以红移 6.4 计，它相应的远离速度高达每秒 289 240 千米，相

某些星系中可能就有类星体

当于光速的 96.4% 。按哈勃定律，它们显然都应位于宇宙的边缘处。

类星体的直径都不大，一般都只有 1 光年大小，还不如通常的星团大，可如果按照红移所确定的距离计算，这种奇特天体发出的能量竟比一个星系更强几千倍甚至几万倍。英国天文学家于 1991 年发现的类星体 BR 1202—07，其质量是银河系质量的几十分之一，但它发出的能量却是银河系的 1 万倍。太阳与恒星发出巨大能量的机制曾使人一度大伤脑筋，类星体发出巨大能量的机制则更让人难以理解。人们只能用"白洞"理论来说明——黑洞是只进不出，白洞是只出不进。

它还有一个难解之谜——"超光速现象"。

1972 年，美国一些文学家发现，有一个名为"3C120"的类星体，在短短的 2 年时间内，直径只增大了 0. 001″，这本是小得难以形容的微角，但从红移计算，它的距离竟在 4 亿光年以外，也就是说它的膨胀速度竟是光速的 4 倍。现在已经确证有超光速运动的类星体多达 18 个，最大的那个类星体的速度竟是光速的 45 倍。

如果物体的运动速度超过了光速，岂不是要出现荒唐的景象了吗？宇航员在超光速的飞船上将可见到自己甚至父辈的诞生。

类星体是当今文学的大热门，到现在已发现的类星体已将近 6 位数。

1980 年，北京师范大学的何香涛作为访问学者来到英国爱丁堡天文台。他经过悉心研究，摸索出一套寻找类星体的观测方法。他首先在室女星座一块不大的天空中，一下子发现了 71 个类星体。从 1981 年 6 月起的一年多的时间内，先后找到了 1 093 个"候选类星体"，后来经过观测证明，其中 70% 以上的确就是新型天体。他的英国同事称赞何香涛的眼睛"比射电望远镜还厉害"。

最奇特的海王卫星

海王星发现于1846年9月23日，可实际上，英国一位出身于酿酒商的天文学家拉塞尔曾在此前的8月4日与12日两次观测到它并记下了它的位置，只是苦于没有一张详细的星图，加上他不久不小心扭伤了脚，才失去了这个荣誉。好在拉塞尔没有怨天尤人，待脚伤一好，便更加勤勉地观测起这颗新行星，苍天不负有心人，在新行星诞生17天时，他就发现了其身旁的卫星——海卫一，初步测定这是一颗比月球大得多的卫星。

海卫二则迟至1949年才被发现，它的半径只有一二百千米。通常来说大卫星都是自西向东绕行星转动的，但海卫一却反其道而行之，其轨道是标准的圆轨道；相反，海卫二虽然运动的方向是正常的，但却沿着一个极扁长的椭圆轨道运动。

海王星是太阳系的第八大行星，但过去人们对其所知甚少。1989年8月，美国的"旅行者2号"无人飞船按照原定计划，来到了海王星的身旁，是迄今为止惟一探访它的飞船。"旅行者2号"发现了8颗新的海卫，它对于海卫一这颗让人困惑多年的卫星的探测，让人惊喜万分。

"旅行者2号"准确地测出了海卫一的大小，半径为1 360千米，略小于月亮。从飞船发回的照片来看，人们的第一印象就是"海卫一奇特无比"。与一般的卫星上总是死气沉沉相反，海卫一显得很有生气：它的天空中不时下着纷纷扬扬的鹅毛大"雪"，地面上至少有3座火山在隆隆喷发。当然，海卫一上下的雪是甲烷与氮的混合物，从火山口中喷出的也不是炽热滚烫的熔岩，而是白色的冰雪团块与黄色的冰氮颗粒。由于海卫一上的重力比月球还小，因此，空中的"雪花"能长时间驻留空中而久久不落地面；火山中喷出的物

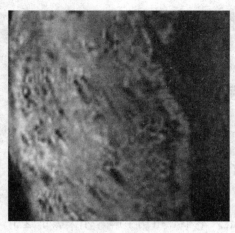

海卫一南极部分的表面

质可以直冲到 32 千米的高空中。

海卫一上的平均温度只有 –240℃ 上下，这是目前所知太阳系中最寒冷的星球。在这样可怕的低温下，很多气体都会被冻成液体，所以在海卫一表面上流动的是液态氮。

让人不解的是，尽管海卫一并不大，可它有很多地方更像行星，除了没有"子卫星"在绕它运行外，它几乎具备了一般行星的所有特征：首先，它有一个大气层，厚度约有 800 千米，虽然比较稀薄，但却是不容忽视的大气，其主要成分是氮，其次是甲烷与氨；第二，海卫一的地形和地貌也与行星接近，其表面色彩斑斓，像是大理石构成的，在赤道附近则呈现为粉红色，那儿有似乎是被流体冲刷出来的大片平原和广袤的盆地，还有许多被山脊分割开来的圆形洼地，而不是通常卫星上所见的环形山；更主要的是，海卫一上有磁场，人们过去认为有无磁场是行星与卫星的分水岭。

更让人感到不可思议的是，"旅行者 2 号"发现，在海卫一的大气层中竟然还有一种"光化烟雾"，这种奇特的东西通常是人类活动（特别是汽车的尾气）造成的有害物质。这种污染是从哪里来的？

因为有这许多疑团，有人提出了海卫一的归宿问题，它到底应姓"卫"还是应姓"行"？

二、天文研究之最

二、天文学之書

"火星探路者"宇宙飞船

1998年7月4日，美国"火星探路者"宇宙飞船经过4亿多公里的航行，成功地登陆火星并释放了一个机器人在火星上进行探察。在这次被称为人类迄今为止最成功的星际探测计划之一的活动中，"火星探路者"宇宙飞船共向地面传回26亿比特的科学信息，1.6万幅图片以及对火星岩石和土壤进行了1.5万份完整的化学分析。

太阳表面出现的有史以来最大冠状云聚集现象

2003年10月28日，在美国国家航空航天局公布的太阳表面图像上，人们可以清晰地观测到太阳表面聚集的由巨大黑子群释放出来的冠状云。这是迄今为止，观测到的最大冠状云聚集现象。

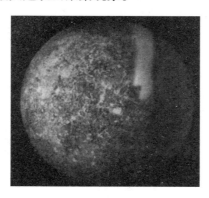

太阳表面冠状云

首次发现星系相食的照片证据

2003 年 8 月 8 日，科学家们使用美国宇航局的哈勃太空望远镜拍摄，首次发现了银河系内星系相食的照片证据。

科学家们使用哈勃太空望远镜的新先进巡天相机，拍摄到了一张巨型吞噬星系的照片，该星系是饱受扰动的螺旋星系雅伯（Rap）188，它很贴切地被昵称为蝌蚪星系。这个宇宙级的蝌蚪星系位置在北天的天龙座（Drano）内，距离地球只有 4.2 亿光年远。图片上第二大的物体是左下方的大块漩涡星云，它似乎与蝌蚪星系内较大的星系有某种联系。

世界上最大的光学望远镜

迄今为止，世界上最大的光学望远镜是美国设在夏威夷的两架凯克望远镜，其透视直径约为 10 米。

光学望远镜

世界上最早的望远镜

世界上最早的望远镜是伽利略发明的折射望远镜，这种望远镜物镜是会聚透镜而目镜是发散透镜。光线经过物镜折射所成的实像在目镜的后方焦点上，这实像对目镜是一个虚像，因此经它折射后成一放大的正立虚像。伽利略望远镜的放大率等于物镜焦距与目镜焦距的比值。其优点是镜筒短而能成正像，但它的视野比较小。把两个放大倍数不高的伽利略望远镜并列在一起、中间用一个螺栓钮可以同时调节其清晰程度的装置，称为"观剧镜"；因携带方便，常用以观看表演等。

世界上第一架空间望远镜

第一架空间望远镜又称为哈勃望远镜，于 1990 年 4 月 24 日，由美国"发现号"航天飞机送上距离地球 600 公里的轨道。其整体呈圆柱形，长 13 米，直径 4 米，前端是望远镜部分，后半端是辅助器械，总重量约 11 吨。该望远镜的有效口径为 2.4 米，焦距 57.6 米，观测波长从紫外的 120 纳米到红外的 1200 纳米，造价为 15 亿美元。由于制造过程中的一个细小的疏忽，直至上天后才发现该仪器存有较大的球差，以致严重影响了观测的质量。

首次捕捉到的太阳系外行星身影

最近，天文学家们利用"斯皮策"红外望远镜，第一次捕捉到太阳系外行星的图像，直接证明了太阳系外有行星围绕着太阳恒星运行的科学推测。

由于恒星发出的光芒比围绕其运行的行星所反射的光芒要明亮许多倍，因此，太阳系外行星很难被直接观测到。天文学家一般通过观察行星在恒星表面造成的引力效应，或是在行星运行到恒星前方时观察到恒星光芒出现短暂的黯淡现象，来判断行星的存在。过去10年中，天文学家在太阳系外发现了近150颗行星，但都是通过间接手段来实现的。

踏上月球的第一人

1969 年 7 月 20 日，美国东部时间下午 4 点 17 分 42 秒，登月舱'鹰'舱接触月球并已着陆。民航机机长尼尔·阿姆斯特朗背朝外，开始从 9 级的梯子上慢慢地走下去。在第二级阶梯上他拉了一根绳子，打开了电视照相机的镜头，让 5 亿人看到他小心地下降到荒凉的月球表面上去。这时是下午 10 点 56 分 20 秒，他拖着脚步在月球表面上走来走去。宇航员阿姆斯特朗成为人类踏上月球的第一人，他在月球上留下了清晰的足迹。

尼尔·阿姆斯特朗

时间最短的太空飞行

1961 年 5 月 5 日，载人太空飞行的最短时间是由美国宇航员艾伦·谢泼德中校乘坐宇宙飞船"自由 7"号进行墨丘利计划中的第一次飞行时创下的。这次亚轨道飞行历时 15 分 28 秒，使谢泼德中校成为第二个飞入太空的人。

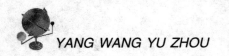

人类飞行的最快速度

迄今为止，人类飞行的最快速度是每小时 39897 公里，是由美国空军上校托马斯·斯塔福德和空军中校尤·塞尔南以及中校约翰·扬，于 1969 年 5 月乘坐"阿波罗 10"号指令舱返回地球时创造的。

女子飞行的最高纪录

美国人凯瑟琳·桑顿在"奋进 S"TS – 61"号航天飞机工作期间，于 1993 年 12 月 10 日，借助轨道推进器创造了 600 公里的女子飞行最高纪录。

人与同伴隔离的最远距离

迄今为止，人与同伴隔离的最远距离是 3596.4 公里。1971 年 7 月 30 日至 8 月 1 日，在美国"阿波罗 15"号进行登月旅行时，艾尔佛雷德·沃登驾驶指令舱创造了这一最远距离的纪录。

飞行时间最长的女宇航员

女宇航员所创造的最长飞行时间纪录是 188 天 4 小时 14 秒，这位女宇航员是美国的香农·卢西德。

1996 年 3 月 22 日，她乘坐美国的"亚特兰蒂斯 STS76"号宇宙飞船抵达"和平"号空间站；同年 9 月 26 日，乘坐"亚特兰蒂斯 STS79"号平安地返回地面。她在空间站的停留时间超过任何其他美国宇航员。返回地面后，被克林顿总统授予国会太空荣誉勋章。

人类在月球上停留的最长时间

1972 年 12 月 7 日至 19 日，美国空军中校尤金·塞尔南和哈里森·史密斯博乘坐"阿波罗 17"号航天飞机进行了为期 12 天 13 小时 51 分的登月旅行，创造了 74 小时 59 分的人类在月球上停留时间最长的纪录。

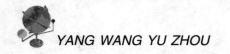
航天飞行的最长时间

"哥伦比亚"号航天飞机的第21次飞行始于1996年11月19日，历时17天15小时53分26秒，打破了原来由该机保持的最长飞行时间纪录。位于美国佛罗里达州的肯尼迪航天中心当时遇到恶劣天气，使得"哥伦比亚"号的着陆时间不得不推迟了两天。

时间最长的载人太空飞行

载人太空飞行的最长时间纪录是由俄罗斯人瓦列里·波利亚科夫创造的。他于1994年1月8日乘坐"联盟TMl8"号宇宙飞船登上"和平"号空间站，1995年3月22日乘坐"联盟TM20"号返回地面，持续飞行时间为437天17小时58分16秒。

规模最大的太空葬礼

1997 年 4 月，科幻电视剧《星球旅行》的原创作者吉恩·罗登伯里以及反传统文化的领袖蒂莫西·李莱博士等在内的 24 名宇航先驱的航天爱好者的骨灰，由西班牙的珀加索斯火箭送入轨道，每份骨灰的费用为 5000 美元。这些骨灰停留在轨道上的时间将为 3 至 10 年左右。

太空飞行的最大高度

1970 年 4 月 15 日，"阿波罗 13"号宇宙飞船的机组人员创造了距月球表面 254 公里、距地球表面 400171 公里的最大太空飞行高度纪录。这次飞行活动于 1995 年被拍成电影《阿波罗 13 号》，由汤姆·汉克斯扮演洛弗尔。

世界上第一个行星探测器

人类发射了人造卫星以后不久，就开始了行星探测器的研制工作。太阳系内有 8 颗大行星，它们是水星、金星、地球、火星、木星、土星、天王星、海王星。探测的第一个目标，就是离地球最近的金星。开始时，事情进行得并不顺利，屡次失败。直到 1962 年 8 月 27 日，第一个金星探测器"水手 2 号"发射成功。12 月 14 日，"水手 2 号"在距离金星 34838 公里处飞过，完成了对金星的逼近考察，成为一颗人造卫星，永远环绕太阳飞行，每 345.9 天环绕太阳一周。之后，科学家发射了好几颗金星探测器。其中，有的进入了金星的大气层，有的在金星上软着陆。它们向地球发送回了大量的资料，揭开了蒙在金星表面的那层面纱，取得了累累硕果。

最快的环球航行

环球航行的最快速度是 74 天 22 小时 17 分，是由新西兰人彼得·布莱克和英国人罗宾·诺克斯·约翰斯顿共同驾驶一艘长 28 米的双体船"恩扎"号所创下的。他们两人于 1994 年 1 月 16 日从法国的乌尚特起航，环球航行后于同年的 4 月 1 日返回出发地。

人类第一次将动物送入太空

1960 年 1 月 21 日，人类第一次将动物———一只 3 岁的母猴送入太空。在美国，一只叫做山姆的猴子在"水星计划"中被发射送入宇宙空间，专门试验加速度力量和失重产生的影响。经过 13 分钟的太空航行后，降落伞把它送回地球，降落在大西洋上。

首次控制探测器在地球之外的天体上坠毁

2003 年 9 月 21 日（美国时间），美国"伽利略"号探测器坠毁于木星，以此结束了其近 14 年、耗资 15 亿美元的太空探索生涯。这将是美国宇航局自 1999 年以来首次控制探测器在地球之外的天体上坠毁。"伽利略"号是美国宇航局发射的最成功的探测器之一。它于 1989 年升空，1995 年 12 月抵达环木星轨道。此后，该探测器对木星及其卫星进行了 7 年多时间的探测，获得了不少重要的科学发现。

"伽利略"号进入木星大气层的最后时刻，美国宇航局数百名科学家、工程师及其家属们在实验室里进行了倒计时。

世界上第一座虚拟立体天文馆

2003 年夏季，在美国纽约开放了世界上第一座虚拟立体天文馆。借助于计算机模拟宇宙的这座虚拟天文馆，共耗资 200 万美元。

人类首次在另一颗行星上面拍摄到的地球照片

2003 年美国东部时间 5 月 22 日（北京时间 5 月 23 日），正在围绕火星进行宇宙探测飞行的"火星探测器"。首次发回了从火星上拍摄的地球照片，这是人类首次在另一颗行星上面拍摄到的地球照片。"火星探测器"是在 5 月 8 日运行到火星时拍摄到这张照片的。

最快的速度

光速是宇宙中传播最快的速度。目前，世界上公认的光速是 299792458 米/秒。人无论靠什么推进器，速度都是无法达到光速的，更不要说超光速了。因为，有质量的物体的运动速度是不可能达到光速的。

最古老的星图

世界上最古老的星图是《敦煌星图》。它是敦煌经卷中发现的一幅古星图，大约绘制于唐中宗时期（705～710 年）。

这幅星图的画法从十二月开始，按照每月太阳位置沿黄、赤道带分十二段，先把紫微垣以南诸星用类似墨卡托圆筒投影的方法画出，再将紫微垣画在以并极为中心的圆形平面投影上。全图按圆圈、黑点和圆圈涂黄三种方式绘出 1350 多颗星。《敦煌星图》现藏于伦敦大英博物馆。

人类首次进入太空

人类首次进入太空的创举是由苏联人加加林完成的。1961 年 4 月 12 日，莫斯科时间上午 9 时零 7 分，加加林乘坐"东方 1 号"宇宙飞船从拜克努尔发射场起航，在最大高度为 301 公里的轨道上绕地球一周，历时 1 小时 48 分钟，于上午 10 时 55 分安全返回，降落在萨拉托夫州斯梅洛夫卡村地区，完成了世界上首次载人宇宙飞行，实现了人类进入太空的愿望。

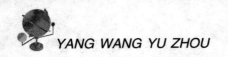
人类首次太空行走

苏联宇航员列昂诺夫第一次实现了太空行走。1965 年 3 月 18 日，列昂诺夫乘坐"上升 2 号"飞船进入太空飞行，在舱外活动了 24 分钟，系安全带离开飞船达 5 米，成为世界上首位在太空行走的人。这次飞行历时 26 小时 2 分钟。

为表彰列昂诺夫在开发宇宙空间方面建立的功勋，苏联科学院授予他齐奥尔科夫斯基金质奖章 1 枚，国际航空联合会授予他"宇宙"金质奖章 2 枚。

太空中最大的建筑

太空中最大的建筑是国际太空站，该建筑于 2004 年竣工，它长为 79.9 米，翼展为 108.6 米，重达 456 吨，是目前最大的国际太空工程。美国、俄罗斯、加拿大、日本、巴西及 11 个欧洲国家参与了此项工程。

世界上最大的陨石

陨石根据其内部的铁镍金属含量高低通常分为三大类：石陨石、铁陨石（陨铁）、石铁陨石。目前，世界上最大的陨石是纳米比亚的戈巴陨铁，重约60吨。

最早的飞船

气球发明并广泛利用后，马上就有人想到在气球上装动力机，飞船便应运而生。

气球的发明，把人类带上蓝天，人们借以开始实现空中飞翔的千年梦想，但是气球无法控制空中飞行的方向，只能乘风飞行。许多人开始改进气球的空中控制功能，1816年，两个瑞士人设计了一种外形像"鱼"的飞行工具，但是没有能飞起来；后来二位英国人使用发条设计了一个驱动螺旋桨产生推力的模型，竟然飞起来了，时速达到8公里。尽管这个模型没有实用价值，但是为后来者提供了启示。

1852年，法国发明家吉法尔制造了第一只动力驱动气球，这只外貌并不像气球的飞行物长45米，有如一根雪茄烟，装有一个小蒸汽机以驱动有3个叶的片的螺旋桨。由于可以控制航向，被称为飞船，带有"可驾驶飞行器"的意思，在拉丁文中的意思是"导向"。

1937年5月6日"兴登堡"号飞艇爆炸

内燃机发明之后，飞船更是如虎添翼，1872年，奥地利人保罗驾驶着第一艘内燃机飞艇飞上蓝天。在早期飞船中名噪一时的是1884年设计制造的"法国号"飞船，它长51.8米，每小时速度达到了19.3公里，这艘飞船奠定了法国在飞艇研究中的领先地位，但是随着齐柏林飞船的诞生，霸主地位就易

主为德国了。

齐伯林，1838 年 7 月 8 日生于德国，19 岁时参军，30 年的军旅生活使他成为一名上将，不料突然被革职回家，但是他不甘寂寞，于 1894 年把全部精力投入到研究飞船上。第一艘成功的齐柏林飞船全长 128 米，直径 11.73 米，由 2 台发动机提供动力。

1900 年 7 月 2 日，齐柏林亲自掌握着飞船"LZ.1 号"，在空中飞行了 20 分钟，获得了空前的成功。5 年后，第二艘齐柏林飞船诞生了，但是首飞却失败了，差一点折戟沉沙。1906 年年 1 月，第二次试飞达到了 457 米的高度，速度为每小时 53 公里。

到 1910 年，齐伯林飞船才开设定期航班以运送旅客。德国开办了世界第一家航空公司——德拉格，到 1914 年，这家公司的齐柏林飞船已经运载了 10000 多名乘客。

20 世纪初的飞船可分为三种类型：非硬式的、半硬式的和硬式的。最初的飞船样子很像气球，这种飞船的主舱内部基本上没有构架支撑，是靠气体的压力撑起四壁的，被称为非硬式飞船，也称作软式小飞船；半硬式飞船在主舱装有坚固的支架。这种支架能够使飞船不变形。但是半硬式飞船在 20 世纪 20 年代后就销声匿迹了；硬式飞船是最大的飞船。它们是用一种材料裹在金属骨架上制成的。飞艇主船中装备了气囊用来存放气体。这种飞船在 30 年代后不断受人们的青睐，比当时的任何一种飞机都飞得远，并可运载更多的乘客，运输更重的物品。

第一次世界大战期间，德国率先把飞船用于军事目的，他的一些飞船飞行在北海上空寻找水上的敌舰，另一些飞船则携带炸弹轰炸英国。德国先后制造了 123 艘氢气飞船用于军事行动，但这种氢气充填的飞船易于被烟火击中而燃烧或爆炸。而英国人则利用飞船进行侦察活动。

1919 年，一艘英国飞船首次飞越大西洋并安全返回，成为轰动一时的新闻。1923 年，德国齐伯林公司与美国的一家橡胶公司合作，在美国创建一个设计和制造飞船的公司，并为美国海军制造了"阿克伦"号和"梅肯"号两

只飞船，它们都能够运载战斗机。在飞船飞行过程中，飞机能够从飞船上起飞和降落。不幸的是这两只飞船在几年内就被风暴摧毁。此后，美国再没有制造过硬式飞船。

历史上飞行 10 年无事故的飞船是德国"齐柏林伯爵"号。这只飞船长235 米，1928 年诞生，次年就实现了环球飞行。在"齐伯林伯爵"号退役的时候，已经累计飞行 160 多万公里，运载了 13000 多名乘客，创下了辉煌的历史。

历史上最大的飞船是"兴登堡号"。这只飞船长 240 多米，1936 年在德国诞生。这艘飞船上设置豪华，有许多房间与漂亮的家具。餐厅、图书馆、客厅一应俱全，乘客在飞船面临大海的通道凭窗眺望之时，还可以听到从客厅内传出的悠扬钢琴曲。当时，可以说没有一架飞机能够提供如此舒适的旅行环境。

"兴登堡"号首年度飞行创下了飞越大西洋舰次的记录。当第二年度飞行的 1937 年 5 月 6 日到来时发生了意外。在它飞回美国的途中，氢气开始悄悄泄漏，不久飞船轰然爆炸，飞船上 35 人和和附近码头上的 1 人同时丧生。

"共登堡"号的爆炸标志着飞船 40 年飞行史的结束。尽管飞船没有能够在世界运输业中长盛不衰，但是在制造飞船过程中所积累的经验与教训，都成为人类研制其他飞行器的宝贵财富。

首次飞越大西洋的载人气球

　　大西洋位于欧、非与南、北美洲和南极洲之间。面积 9336.3 万平方公里，约占海洋面积的 25.4%，约为太平洋面积的一半，为世界第二大洋。大西洋南接南极洲；北以挪威最北端一冰岛一格陵兰岛南端一戴维斯海峡南边一拉布拉多半岛的伯韦尔港与北冰洋分界；西南以通过南美洲南端合恩角的经线同太平洋分界；东南以通过南非厄加勒斯角的经线同印度洋分界。大西洋的轮廓略呈 S 形。

　　一个国际科研小组的研究人员曾表示，在 300 万年至 500 万年之前的某个时候，为数众多的一大群蝗虫从非洲西海岸起飞，在经历了一次不同寻常的跨越大西洋的航程之后，到达了新的世界——美洲大陆。

　　但人类横渡大西洋则是近百年的事了。1919 年 6 月 14 日，阿尔科克上尉和布朗中尉驾机飞越大西洋。1927 年 6 月 13 日，25 岁的美国飞行员林德伯格单枪匹马驾驶一架"圣路易斯精神"号飞机，飞行 33 个半小时，航程 3600 英里，首次完成从纽约到巴黎横跨大西洋的飞行。这些都是乘坐飞机横渡大西洋的。

　　早在 1782 年，约瑟夫和蒙特高菲尔在法国进行了首次热气球飞行试验，他们把纸张作为气囊的材料，气球飞行高度 33 米，时间 10 分钟，距离 3.5 公里，乘客是一只羊和一只鸭子。当时的燃料是旧皮靴和动物的肉，人们觉得气球飞起来味道很臭。

　　1783 年，罗泽在法国完成了首次气球载人飞行。1785 年，法国人布兰卡德和美国人

载人气球

杰弗里斯成功飞越英吉利海峡：同年，罗泽在飞越英吉利海峡时遇难。

一个多世纪以来，人们曾先后进行过 17 次载人气球飞越大西洋的飞行，但都以失败告终，有 5 人为此献出了生命。然而，人们并没有因此而放弃气球飞越大西洋的希望。

到 1978 年 8 月 11 日 20 点 43 分，美国 48 岁的马克西·安德森和 31 岁的艾勒克特拉航空公司总经理拉里·纽曼，驾驶着一只巨大的气球告别了美国缅因州德雷斯克岛市，开始了艰难的航行。气球在平均海拔 6000 米的高空以每小时 30—40 公里的速度相对岸目标——布歇尔机场驶去。气球飞行了 138 个小时 6 分钟，行程 5000 公里，与 8 月 17 日降落在法国西北部埃夫勒小镇附近的麦田里。偏离了原定着陆点 96 公里。这次飞行同时创造了气球航程最远和留空时间最长的亮相世界纪录。实现了 100 多年来人类欲乘气球飞越大西洋的愿望。

1981 年，四名热气球飞行家由日本成功飞到美国，人类首次飞越太平洋。1981 年 1 月 11 日，美国人安德森驾驶"维尼"号从埃及出发，作人类历史上首次气球环球尝试，48 小时后降落在印度，共飞行 4306 公里。1999 年 3 月 21 日，瑞士人皮卡德和英国人布莱恩·琼斯驾"飞船三号"从瑞士出发最后降落在撒哈拉大沙漠上，他们成了一项新纪录的创造者——首次乘热气球不间断完成环球旅行，航程 42810 公里，时间 19 天 21 小时 55 分钟。

国际航空联合会（FAI）下属的气球委员会（CIA）根据填充的气体不同，把气球分成四类：AA 型：填充比空气轻的气体如氢气或氦气，没有加热装置。AM 型：既填充"轻气"，又具有加热装置的热气球，又被称为罗泽气球。AS 型：填充"轻气"，气囊密闭，高度可通过充气量控制，用于科学研究。AX 型：气囊中填充空气，通过加热装置对空气加热，使之变轻获得升力，又称为热气球。按照热气球的体积分为 15 个级别，AX–1 级体积为 250 立方米，AX–15 级体积在 22000 立方米以上。目前国际上最为普及的是 AX–7 级热气球，它的体积为 1800～2200 立方米，充满气后球高 21 米，最大直径 18 米，飞行高度极限为 15000 米，最大载重 620 公斤。

首次超音速飞行

音速又称声速，即声波在媒质中的传播速度。音速的快慢与媒介的性质与状态有关。例如通常声波在空气中德船必速度为每秒 340 米左右。所谓超音速飞行，通俗的说就是速度超过声音速度的飞行，科学上的定义是马赫数大于 1（M > 1）的飞行。

第二次世界大战期间，活塞式歼击机发展很快，到 20 世纪 40 年代中期，最大飞行速度已达 760 公里/小时。但是活塞式飞机的速度再想提高已经十分困难了。1945 年 6 月，英国在试飞一种高速飞机时，因飞行速度接近音速（每小时 1224 公里/小时），造成机身破裂，机毁人亡。

还有些人用活塞式飞机进行过一些超音速飞行试验，均告失败。当时检查高速飞机飞行失败的原因，都是由于速度太快引起的。而这个速度的限度又和音速相接近。于是当时从事研制飞机的一些人们，把音速（340 米/秒）看作是一种天然不可逾越的障碍，称为"音障"。

后来，经过多次研究发现，由于飞机的飞行速度在接近音速时，飞机的机身、机翼、尾翼等部位上会产生激波，增大了阻力，这就是波阻。由于波阻的影响，飞机在进行超音速飞行时，阻力大为增加。此外，螺旋桨在高速旋转时，也由于同样的原因效率大大降低。因此，必须有一种新的动力装置，才能克服"音障"。

为了突破"音障"，美国兰利研究中心曾做过一些空气动力试验，从高空投

轰炸机

掷装备了仪器的流线型物体，测出升力和速度，还作了一些分析。但是，根据这些试验的结果，还不足以得出结论，要想精确地得到跨音速的数据，需要制造全尺寸的飞机，进行飞行试验。

1943年兰利研究中心提出了一个"研究机"的方案，并把"研究机"命名为X—1。为了减少阻力，这架飞机的外形设计就像一枚炮弹，这是为了减小由于波阻产生的阻力，机身外壳大部分仍采用铝合金，但结构大为加强。为了充分发挥燃料的作用，这架飞机采用空中投放方式，以节省起飞时要消耗的燃料。

为了进行X—1飞机的试飞，美国精心挑选试飞员。最后选中了年仅24岁的查尔斯·耶格上尉。耶格上尉在第二次世界大战中，共参战61次，击落敌机13架。糟糕的是，在试飞的前3天，耶格上尉月夜骑马，竟被摔断了两根肋骨。但为了X—1的试飞，为了独享试飞的殊荣，他仍然坚持试飞。

1947年10月14日，一架桔红色的X—1试验机，缓缓地装进一架B—29轰炸机的炸弹舱中。耶格精神抖擞地出现在机场上，医生又对他进行了最后一次体检，他满怀信心地登机起飞。当B—29爬升到3000多米的高度时，耶格才由B—29炸弹舱坐进X—1的座舱。当时B—29的速度已达322公里/小时，由于肋骨骨折及腰胸之间重厚包扎，使得他无法伸手抓住舱盖下方的闩锁，幸亏机械员给他装了一根两尺多长的把手，才使他能够进行操纵。

当B—29爬高到7620米时，飞行员切断连接器并投放X—1。同时，耶格立刻起动火箭发动机，并把X—1飞机拉起来，向上爬升。以前一些飞机突破"音障"都采用由高空向低空俯冲的办法，达到音速飞行。但由于低空空气密度大，微波的强度增大，造成极严重的"爆击"。为了避免这种情况，耶格操纵X—1爬升到11580米的高度，才改平飞，然后关掉火箭发动机，开始俯冲。当飞行速度达到M0.8时，飞机产生强烈振动。M数继续增大，振动不断加强。飞行速度继续增大到M0.97、M0.98……突然，飞机停止了强烈振动，它变得驯服了。X—1突破了"音障"！从此，人类的飞行再也不受"音障"的限制了。

第一架飞越英吉利海峡的人力飞机

人力飞机顾名思义，这是一种靠人的体力飞行的飞机。意大利的达·芬奇在400多年以前设计制造的"扑翼机"试验失败以后，许多人认为，要靠人力飞上蓝天，真的比登天还要难，几乎是不可能实现的。可是，也有一部分人并不死心，他们百折不挠，屡败屡战，前赴后继，终于取得了成功，创造了人类航空史上的奇迹，造出了不依靠动力而只使用简单器械实现飞行的"飞人"——人力飞机。制造人力飞机是一种探索：如何最科学、最合理、最充分地发挥人的体力，不依靠机器进行飞行。

人类最早的飞行尝试就是模仿飞鸟，企图用人力驱动绑在双臂上的"翅膀"升空飞行。这一类简单模仿鸟类扑翼飞行方式失败的主要原因，是人体所能发出的功率同体重相比实在太小了。一名体重75公斤的青年男子，能在10分钟持续时间内发出0.35马力功率，每公斤体重仅能发出0.5%马力。而一只鸽子，每公斤体重却能产生7.5%马力功率。此外，鸟的胸肌发达，骨骼轻巧，也非人类所能比拟。因此，扑翼飞行的人力飞机很难实现。

滑翔机的出现，为人力飞机的研制开辟了新途径。滑翔机是一种定翼飞行器，机翼在飞行中固定不动。20世纪30年代，有人开始在轻型滑翔机上安装空气螺旋桨和类似自行车的脚踏传动装置，用人力蹬踏带动螺旋桨转动，推动飞机向前飞行。

1936年，有位叫海斯勒·维林吉尔的德国人，制造了一架"自行车式"的人力飞机，试飞时飞到了5米高，飞行了450米远，在空中飞行的时间达到20秒。

1960年英国皇家学会宣布：工业家克莱默用5000英镑的奖金，奖给能绕

滑翔机

相距 5 米的两根杆进行 "8" 字飞行的人力飞机。难度太大了，屡试屡败，奖金增至 1 万英镑、5 万英镑，已超过了著名的诺贝尔奖金。

1976 年 6 月，日本的木村秀政博士与东京大学的学生们一道，共同造出了一种 "鹳式" 人力飞机。这种人力飞机在试飞中完成了 180°的大转弯飞行，从而在完成克瑞默规定的飞行方面从技术上有所突破，不过也还没有达到 "8" 字形飞行路线的要求。1977 年 1 月，"鹳式" 人力飞机在试飞中创造了平飞 2093.3 米的新纪录。这种人力飞机的着陆轮是一个直径 27 英寸的自行车轮子，它通过一条链子可将脚踏的能量传送到 2.5 米高处的螺旋桨推进器上，螺旋桨的转速可达每分钟 210 转，其飞行时速可达 30.9 公里。

1977 年 8 月 23 日，麦克格里迪创制的 "蛛丝神鹰号" 人力飞机，由青年自行车运动员布赖恩·爱伦驾驶，只用了 7 分 27.5 秒的时间，飞完了 21738 米的距离，并胜利地完成了 "8" 字形航线的飞行，从而荣获克瑞默奖金。1978 年麦克格里迪对自己的 "蛛丝神鹰号" 人力飞机从结构上做了一系列的改进。首先是尽可能减轻飞机的重量，用石墨纤维管取代轻质合金管，使机

重从 32 公斤降低到 25 公斤左右，同时还使飞机的结构强度得到了提高。其次是减小机翼面积，使机翼的几何形状由宽变长，同时降低了螺旋桨的转速，这样一来就使飞机在前进中所遇到的空气阻力减少了一半。第三是合理使用脚踏力——飞机上设有两套脚踏系统：其中一套通过塑料链条直接带动螺旋桨的齿轮；另一套塑料链条通往"力矩平衡器"，使飞行时速从 18 公里提高到 22 公里。改进后的人力飞机起名叫"轻灵信天翁"。

1978 年克莱默要以 10 万英镑奖励第一架飞越英吉利海峡的人力飞机，这是对创造精神和探险精神的鼓励。1979 年 6 月 12 日清晨 5 时 51 分，艾伦驾驶着这架一架人力飞机从英国南部起飞，他像一直优雅的白鸟，轻盈地飞过了英吉利海峡，于 8 时 40 分降落在法国格里内角的海滩上。驾驶员是 26 岁的美国自行车运动员布莱恩·艾伦。他在 2 小时 49 分钟内用脚蹬自行车的方式毅力海面 1.8～2.5 米的平均高度，飞行了 35 公里。由于途中遇到意外的强风，艾伦精疲力竭，几乎无法支持。但是，他最后靠着一股顺风鼓足劲头又重新飞起，终于安然无恙地落在目的地，飞机完好无损。

炭纤扑翼机

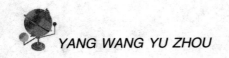

第一架喷气式客机

1949年，英国德·哈威兰公司研制出第一架喷气式大型客机"彗星1号"，使载客量一下提高一倍（达80人），飞行速度超过800公里/小时，高度达1万米。彗星号由4个幽灵牌涡轮喷气发动机提供动力，每个发动机能产生2250公斤的推力，它意味着英国欲想在民航运输中领先于世界。这架大型客机的设计速度为每小时800公里，飞行高度为12,000米，其速度和高度均为现有任何飞机的2倍。燃料储藏在机翼内的油箱里，机翼设计得非常光滑，以至于降落时必须使用飞行制动器才能减速。与以活塞式发动机客机相比，新一代客机具有载客量大、飞行速度高、飞行高度增大、航程远和采用增压客舱等特点。

彗星号的研制是秘密进行的。最初是作为邮政飞机设计的，因为喷气发动机被认为只能作短程、载重量不大的飞行。然而，在设计过程中想法改变了，样机上安装了36个座位。尽管人们怀疑用喷气式发动机作长途运输是否经济，英国海外航空公司还是订购了16架，计划在1952年投入运营。它的出现结束了活塞式螺旋桨运输机统治航空舞台几十年的历史，开创了喷气式运输机的新时代，是航空史上的一件大事。

1952年5月2日，一个晴朗的下午，蜂拥的人群聚集在伦敦机场，兴奋地目睹了世界上第一架喷气式客机——英国的"彗星"号客机的首航。驾驶这架飞机的是上校试飞员约翰·康宁厄姆，在第二次世界大战中，他是战斗机王牌驾驶员，他曾把飞机飞到2438米的高空。飞机速度800公里/小时，从伦敦飞到罗马只用了两个半小时，一个旅客可以在伦敦用早餐，到罗马吃午饭，日落前又可以舒舒服服地回到伦敦家中，一天当中两度横越大西洋，

这在当时简直是个不可思议的奇迹。于是"彗星"号的订座排满了几个月，许多民航公司争购这种奇迹飞机。一时间，"彗星"热遍全球，光照欧、亚、非。可是好景不长，在"彗星"号飞行一段时间后，不幸的灾难接二连三地降临。1954 年 1 月 10 日，一架仅飞 3000 小时的"彗星"号满载旅客从加尔各答机场飞往伦敦，突然一声巨响，飞机莫名其妙被炸得粉碎，残骸落入意大利厄尔巴岛。4 月 8 日，又一架"彗星"号从罗马机场起飞，在地中海上空又解体坠毁，机上旅客和机组人员 21 人全部死亡。后来英国政府派舰队到海里打捞飞机残骸进行研究，终于发现飞机爆炸的元凶是金属"疲劳"。在此之前有两架"彗星"号飞机坠毁。一架是在 1952 年 10 月，另一架是在 1953 年，但机上都未载运旅客。

由于前车之鉴，新生产出来的"彗星"号客机经受了极其严格的材料应力试验，检验官们让它接受了相当于飞行 80 年的试验，才终于同意它重飞蓝天。

波音喷气式"梦想客机"

第一架太阳能飞机

太阳能飞机以太阳辐射作为推进能源的飞机。太阳能飞机的动力装置由太阳能电池组、直流电动机、减速器、螺旋桨和控制装置组成。由于太阳辐射的能量密度小，为了获得足够的能量，飞机上应有较大的摄取阳光的表面积，以便铺设太阳电池，因此太阳能飞机的机翼面积较大。

人类利用太阳能的历史，已经有几千年了，但主要是直接用它的光能和热能，如照明、取暖、烧热水等。直到近代，才有人把它的能量转变成电能。1983 年，在意大利西西里岛，建立了一台塔式镜面反射发电站。180 面大镜子把太阳光集中到一个装水的塔上，使水温升到 500℃变成蒸汽，再推动涡轮发电机发电，电能可达 1000 千瓦。不过这种方法在飞机上是行不通的，飞机上没有那么大的地方，也不能承受那么大的重量。因此，要在飞机上利用太阳能，还得寻找别的办法。

20 世纪 50 年代初，由于半导体技术的发展，人们研制成功了能将太阳光直接转换成电能的太阳能电池。这种电池小得只有 2 厘米见方、零点几毫米厚。它不只轻便，而且光电转换效率高，可以达到 15%。这就为飞机采用太阳能作动力打下了基础。

1974 年 4 月 29 日中午，美国家利福尼亚洲里费塞德城的费拉博布机场上空，晴空万里，阳光灿烂。飞行员拉里·莫罗驾驶着自己制造的一架轻巧的太阳能飞机"太阳高升号"腾空而起，在 12 米的高度上飞越了 800 米，历时一分钟后徐徐落下。这次飞行实现了人类多年来试图用太阳能作为载人飞机动力的理想，在漫长的科学探索道路上迈开了有意义的一步。

"太阳高升号"飞机是世界上第一批太阳能动力飞机中的一架。它由轻而

且很坚固的材料制成，重量只有 57 公斤。飞机具有上下两个机翼，在上层的表面装有 500 个太阳能光电池。外面罩衣是透明塑料制成的保护层。

20 世纪 70 年代末，人力飞机的发展积累了制造低速、低翼载、重量轻的飞机的经验。在这一基础上，美国在 80 年代初研制出"太阳挑战者"号单座太阳能飞机。飞机翼展 14.3 米，翼载荷为 60 帕（6 公斤力/米），飞机空重 90 公斤，机翼和水平尾翼上表面共有 16128 片硅太阳电池，在理想阳光照射下能输出 3000 瓦以上的功率。

1981 年 7 月 7 日，这架以太阳能为动力的飞机飞过英吉利海峡。这架 210 磅重的"太阳能挑战者"号从巴黎西北部 25 英里以远的科迈伊森·维克辛起飞，以平均每小时 30 英里的速度、1.1 万英尺的飞行高度，完成了全长 165 英里的旅行，最后在英国东南海岸的曼斯顿皇家空军基地着陆。保罗·麦克里迪是该动力装置的设计者，他还曾建造第一架人力发动的飞机越过海峡。这架"太阳能挑战者"号是由安装在机翼的 1.6 万个阻挡层太阳能光电池发动的，这些电池把光能转变为电能以推动 2.7 马力发动机。这架飞机几次试图飞过海峡都未成功，此次借助极好的夏日阳光终于达到目的。飞机着陆时受到了 30 人的迎接。

近来，美国航天局命名的"导航者二号"太阳能飞机，在美国夏威夷完全利用太阳能已经升到 24500 米高空，连续飞行 15 小时，又创造两项最新的世界纪录。这归功于太阳电池提供 12500 瓦功率的电源，支持太阳能飞机能够装备 8 台较大功率的电动机，保持太阳能飞机正常飞行。

"导航者二号"太阳能飞机的机翼长达 36 米，已超过"空中客车" A320 飞机的机翼。太阳能飞机有足够

最新的太阳能动力飞机

载人太阳能飞机挑战万米高空

的光照面积铺贴太阳电池，太阳电池实际上就是太阳光发电机，燃料是太阳光，把太阳光能直接变成电能。在空气稀薄的高空中，太阳电池的功率要比在地面上同样的太阳电池效率高；而汽油发动机的飞机在高空中飞行会导致功率损失。

太阳电池提供的功率以"峰瓦"为单位。众所周知，地球的表面上照射到的太阳光一直在变化的，太阳电池输出的功率也是变化的。世界各国太阳能专家研究商定，把太阳电池放在非洲撒哈拉的赤道上，中午 12 点测出的太阳电池功率称作"峰瓦"，作为世界各国太阳电池统一的计量单位。

最早的热气球

　　成百上千年来，人类一直梦想着像鸟一样飞上天空，从中国五代的孔明灯，到十六七世纪的法国鸟人，人类尝试飞行的努力从未间断过。直到1783年，由法国的蒙哥尔费兄弟最早发明的热气球首次把人带入空中，人类才真正实现了飞天的梦想，这比飞机诞生要早120年。

　　1783年，法国人蒙戈尔费埃兄弟开始利用热空气的性质做一些实验。他们用纸张作为气囊的材料，气球飞行高度33米，时间10分钟，距离3.5公里，乘客是一只羊和一只鸭子。当时的燃料是旧皮靴和动物的肉，人们觉得气球飞起来味道很臭，结果这些动物都安然地返回地面。1783年6月，蒙戈尔费埃兄弟向世人展现了他的工作的成果。他们生起火向用布和纸做成的大气球里灌满了热空气，然后放开了它。气球直奔蓝天，升到了6000英尺的高空，当气球内的空气冷却后，它降落在一英里外的地方。但是这个从天而降的"怪物"吓坏了当地的两个农民，他们把这个热气球给撕破了。几个月后，德罗齐埃和阿尔朗侯爵乘坐蒙戈尔费埃兄弟的气球飘过巴黎上空，成为世界上最早的飞行员。

　　1783年，罗泽在法国完成了首次气球载人飞行。1785年，法国人布兰卡德和美国人杰弗里斯成功飞越英吉利海峡；同年，罗泽在飞越英吉利海峡时遇难。

　　到1978年8月11日20点43分，美国48岁的马克西·安德森和31岁的艾勒克特拉航空公司总经理拉里·纽曼，驾驶着一只巨大的气球告别了美国缅因州德雷斯克岛市，开始了艰难的航行。气球在平均海拔6000米的高空以每小时30~40公里的速度相对岸目标——布歇尔机场驶去。气球飞行了138

热气球

个小时6分钟，行程5000公里，与8月17日降落在法国西北部埃夫勒小镇附近的麦田里。偏离了原定着陆点96公里。这次飞行同时创造了气球航程最远和留空时间最长的亮相世界纪录。实现了100多年来人类欲乘气球飞越大西洋的愿望。

1981年，四名热气球飞行家由日本成功飞到美国，人类首次飞越太平洋。1981年1月11日，美国人安德森驾驶"维尼"号从埃及出发，作人类历史上首次气球环球尝试，48小时后降落在印度，共飞行4306公里。1999年3月21日，瑞士人皮卡德和英国人布莱恩·琼斯驾"飞船三号"从瑞士出发最后降落在撒哈拉大沙漠上，他们成了一项新纪录的创造者——首次乘热气球不间断完成环球旅行，航程42810公里，时间19天21小时55分钟。

似乎从诞生之日起，热气球运动就被刻上了贵族烙印。200多年以后，这种情结才渐渐从当初的名门世家移向现今的豪商巨贾。而随着热气球材料的改进、制作工艺的提高、驾驶技术的日臻完善，热气球飞行已成为任何地点都可进行、任何人都可尝试的新型空中体育项目，但仍不失为一种财富、身份、性格、勇气的象征。

热气球运动于20世纪60年代末70年代初在美国兴起，70年代末80年代初欧洲开始兴起，到90年代末2000年初中国才刚刚兴起这项运动。到目前为止，全世界约有20000个热气球。在欧美等发达国家，几乎每天都有热气球比赛或活动。

热气球是一项老少皆宜的体育休闲运动，对体力的要求不高，但是如果驾驶热气球，须懂得丰富科学知识，如气象、物理、地理、数学等等，对青少年来说，热气球又是一种非常好的学习掌握科学知识的运动。

最早的滑翔机

在人类征服天空的漫长历程中，滑翔机是最早实现将人送上蓝天的重于空气的航空器。

滑翔机是人类制造的最早飞翔在天空中的重于空气的航空器。1852年英国的G·凯利最先制造出不可操纵的滑翔机。1881年，著名的航空科学先驱、德国人李林塔尔，根据前人的经验和意大利画家达·芬奇的理论思想，设计制造了人类第一架实用的、可操纵的悬挂载人滑翔机，并亲自驾驶进行了第一次无动力滑翔飞行。它的操纵非常简单，飞行员悬挂在机翼下面，靠挪动身体改变重心，以控制滑翔的俯仰、航向和横侧姿态。滑翔机的起飞助跑和着陆全靠飞行员的两腿。为提高滑翔机的性能，他又进行过2000余次的实验飞行。

随着滑翔机的不断改进和飞行技术的提高，这种简陋的滑翔机很快就为带有操纵机构的滑翔机所取代，并在底部装上滑橇或轮子。第一次世界大战后，滑翔机的操纵方式已与飞机相似，即用驾驶杆操纵升降舵和副翼，用脚蹬操纵方向舵。在第二次世界大战中，大型滑翔机曾经用来向敌后空运武装人员和物资。尽管其载重量比较小（最大的不超过6吨），由于没有采用动力，可以利用夜间飞越严密设防的战线而不被察觉。

滑翔机可由飞机拖曳起飞，也可用绞盘车或汽车牵引起飞，更初级的还可从高处的斜坡上下滑到空中。在无风情况下，滑翔机在下滑飞行中依靠自身重力的分量获得前进动力，这种损失高度的无动力下滑飞行称滑翔。在上升气流中，滑翔机可像老鹰展翅那样平飞或升高，通常称为翱翔。滑翔和翱翔是滑翔机的基本飞行方式。

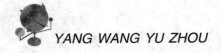

滑翔机具有与飞机显著不同的狭长机翼（即较大的机翼展弦比），机身外形细长，呈流线体。高级滑翔机的机翼展弦比可达 30 以上，在设计上趋向于驾驶员躺卧舱中，以便减小机身截面积。机体表面光滑，甚至打蜡，借以提高滑翔机的升阻比，减小滑翔飞行中的下滑角。人们常用滑翔比（滑翔中前进距离与下沉高度之比）来衡量滑翔性能的优劣。由滑翔飞行的平衡关系可知，滑翔比与升阻比相等。现代高级滑翔机的升阻比最高已超过 50。有的滑翔机机翼上还装有可操纵打开的减速板，用于在必要时增加阻力，或是在着陆下滑时调整下滑角，以便在指定地点准确着陆。动力滑翔机装有小型辅助发动机，不须外力牵引即可自行起飞，当到达预定高度时关闭发动机进行基本的滑翔飞行。动力滑翔机可提高训练飞行的效率和安全性。

从 19 世纪末至 20 世纪初，滑翔机作为一种具有独特性能的固定翼无动力飞行器，首先广泛地应用于航空体育运动，称滑翔运动，其概念为滑翔员驾驶滑翔机在空中进行翱翔飞行的运动。1907 年，德国杜尔姆斯都特高等工业学校的学生，组织了"杜尔姆斯都特飞行运动协会"，揭开了滑翔作为一项运动的序幕。同年，在法兰克福城举行了首次滑翔竞赛大会，著名滑翔家德

滑翔机

国人雷契尔特，驾驶双翼滑翔机创造了不少滑翔纪录。1912年，德国滑翔员在莱茵华赛尔柯柏，又创下直线滑翔836米和留空102秒的纪录。至1938年，滑翔纪录不断刷新，留空纪录长达36小时35分，升高高度也达到6838米。德国滑翔运动的发展，对美国、俄国、波兰、日本等国家开展滑翔运动，产生过重大的影响。

现在，全世界已有60多个国家开展滑翔运动，水平较高的有美国、德国、俄罗斯、波兰、英国、澳大利亚等。目前，滑翔的升高世界纪录为14000多米，直线飞行距离为1400多公里，留空时间将近60小时，三角航线的速度超过200公里/小时。

现代用于体育运动的滑翔机，分初级滑翔机和高级滑翔机。前者主要用于训练飞行，有双座和单座两种；后者主要用于竞赛和表演，有的还可以完成各种高级空中特技，如翻筋斗和螺旋等。20世纪70年代以后，原始的悬挂滑翔机在现代科学技术的基础上（主要是结构材料的改进和制造工艺水平的提高）开始复苏，吸引了大量飞行爱好者。

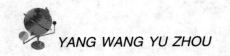

最早的直升飞机

人们总是梦能像鸟一样在天空中翱翔。很早以前发明家们就认识到，得到升力的途径之一是使用一种叫做"水平旋翼"的旋转器械。文艺复兴时期的画家兼发明家莱奥纳尔多·达·芬奇的笔记本里，就有一张这种飞行器的草图。

在19世纪的欧洲，人们对"旋翼飞行器"或称"直升飞机"（它们出名后的叫法）颇感兴趣。路易斯·布雷格特与雅克·布雷格特兄弟俩建造了一架精心设计的直升飞机。它有着4个聚集在飞行员周围的水平旋翼，飞行员坐在飞机的中部。尾翼是直升飞机的重要部件。没有它的话，一架单水平旋翼的直升飞机部是在空中旋转。尾翼还用于为航空器掌舵。

莱特兄弟俩于1907年9月在法国杜埃试验了自己的航空器。他们没有去冒自由飞翔的危险，而是用绳子把飞机拴在地面上后再启动发动机。直升飞机上升了1.5米，然后又重新降落到地面。与此同时，法国人保罗·科尼也在制造一架直升飞机。1907年11月他在科西厄克斯进行了第一次飞行。这一回，直升飞机作了一次短暂的、无绳子拴着的低行。直升飞机终于离开了地面。

直升飞机在军事上有着广泛使用。它们在有限的空间里盘旋和降落的能力极为重要，无论是作战时，还是在其他难以接近的地方营救困境的人们时，都是

西科尔斯基公司制造的飞机

如此。

尽管布雷格特兄弟俩和科尼进行了试验,第一架实用的直升飞机直到20世纪30年代才制造出来。伊戈尔·西科尔斯基在1939年建造了第一架真正成功的直升飞机 vs—300。

直升飞机的英文名字是"Heliplane",现在我们翻译为"直升飞机",指那些会直升直落,又是飞机的飞机,但这个名字的出现,还经过了几十年曲折坎坷的经历。

直升飞机的名字在30年代就出现了。不过它的含义和概念被扭曲了,用它来代替根本不是飞机的直升机。其实,直升飞机和直升机是不同的。直升机实际上不是飞机,而是一种航空器,因此严格地说不能被之为直升飞机。

发展至现在,直升飞机共有五种:

全面转向式直升飞机。整个飞机头朝上、尾朝下,直立在地上,用发动机械的接力向上起飞,然后在空中转向九十度,向前平飞。

机翼(带发动机械)转向式直升飞机。飞机停在地面时,机翼带着发动机转向九十度,前缘向上。飞机升到空中后,机翼再转回来,使飞机榭前飞行。

发动机械转向式直升飞机。机身机翼像普通飞机一样,只是发动机可以转向九十度。

喷气转向式直升飞机。飞机的喷气发动机平时向后喷气,但在起飞和降落时,则能转向九十度向下喷气,如英国的"鹞"式飞机就是一种很成功的喷气转向式直升飞机。

固定旋翼式直升飞机。开关像普通的直升机一样,但飞到空中时,旋翼要固定住成为固定翼,同时发动机械产生向前的推力,使飞机向前平飞。如美国研制的一种四叶旋翼直升机,又名 X 翼飞机,其实就是一种固定旋翼式直升飞机。

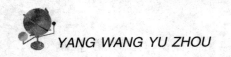

最早的有动力飞机

梦中往往张开双臂，飞行是人类的梦想。早在远古时代，勇敢的人们就曾进行过一次又一次的飞行试验。相传2000多年在中国西汉时期，就曾有人全身粘上羽毛，试验像鸟儿一样展翅飞翔。1742年，一个叫巴魁威尔的法国人也在臂上和腿上装上翅膀，拼命扇动，从一座高楼的屋顶上纵身而下。他们的勇敢精神令人敬仰，他们尝试的失败令人惋惜。

人们逐渐认识到，飞行是复杂的，单靠冒险无济于事。要想实现升空飞行的理想，首先必须研究飞行这门新的科学。伟大的艺术家达·芬奇是第一位以科学的态度研究飞行的人。他在设计扑翼机的同时，还设计了直升机和降落伞。到了19世纪，飞机的研制进入一个空前活跃的时期。一方面有关飞机升力、阻力、稳定与操纵的理论初步建立起来，另一方面动力飞机的研制探索取得了可贵的经验。尽管先驱者们没有最终研制成功有动力、可持续飞行的飞机，但他们的工作为莱特兄弟打下了坚实基础。大科学家牛顿有一句名言："如果我比别人看得远些，那是因为我站在巨人们的肩上。"这句话同样适用于最终发明成功第一架飞机的美国莱特兄弟。在莱特兄弟之前，乔治凯利、李林塔尔、查纽特、兰利、汉森、马克辛、阿代尔等在飞机结构、升力与阻力研究、稳定与操纵、滑翔飞行等方面做了大量工作，取得了一个又一个成果。没有他们的先驱性工作，就没有莱特最终的成功。

威尔伯·莱特和奥维尔·莱特兄弟俩是美国俄亥俄州一名牧师的儿子，他们从少年时代起就对飞行十分感兴趣。莱特兄弟没有受过高等教育，但他们虚心好学，十分重视理论和实践，阅读了大量的空气动力学方面的文献。为了阅读滑翔机研究方面最重要的先驱者——德国工程师李林塔尔的著作，

他们自学了德文。二人通过刻苦钻研李林塔尔的著作和当时能找到的其他有关飞行的书籍，打下了航空知识的基础。

莱特兄弟

从 1899 年开始，莱特兄弟先后研制了三架滑翔机。头两架滑翔机满意地解决了飞机的稳定和操纵问题。但由于完全使用了过去留下的机翼升力和阻力数据，因此这两架滑翔机的飞行性能不高。于是他们决定自己进行实验，以获得尽可能准确的数据，用以指导飞机设计。这些实验是利用自行车轮加装实验件旋转进行的。尔后他们又自制了风洞进行精确实验。1901 年 9 月 ~ 1902 年 8 月间，他们共进行了几千次试验，开展了大量有关机翼升力、阻力、翼型的试验研究。

利用自己获得的精确数据，他们制成第三号滑翔机。它在试验时取得了极大成功。利用它共近 700 次滑翔飞行，并能保持行稳定和安全，即使在每小时 36 公里的强风下也能照常进行。第三号滑翔机的高度成功为他们研制动力飞机提供了直接依据并增强了取得最终成功的信心。在第三号滑翔机基础上，莱特兄弟研制了第一架有动力的飞机——"飞行者一号"，这是一架双翼机，前面有两只升降舵，后面有两只方向舵，操纵索集中连在操纵手柄上。翼展达 12.3 米，翼面积 47.4 平方米，机长 6.43 米，连同驾驶员在内总重约 360 公斤。发动机由莱特自行车公司技师查理·泰勒设计制造的。它能够发出 9 千瓦的功率，最大功率可达 12 千瓦。

1903 年 12 月 17 日，是人类历史上意义深远的日子。上午 11 时，奥维尔·莱特作第一次试飞。他驾驶"飞行者一号"终于成功地升空飞行。第一次飞行留空时间很短，只有 12 秒时间，飞了约 36.6 米，但这是一项伟大的

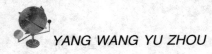
成就：它是人类历史上第一次有动力、载人、持续、稳定、可操纵的重于空气飞行器的首次成功飞行。这次飞行具有十分深远的历史意义，为人类征服天空揭开了新的一页，也标志着飞机时代的来临。11 时 20 分，威尔伯·莱特又驾驶"飞行者一号"作了第二次飞行，也取得了成功，留空时间约 11 秒，飞行距离约 60 米。奥维尔作了第三次飞行，留空时间 15 秒，飞行距离 61 米。第四次也是当天最后一次飞行由威尔伯驾驶，取得了成功并达到当天的最好成绩：留空时间 59 秒，飞行距离 260 米。莱特兄弟的"飞行者一号"作为最早的有动力飞机，开创了人类航空史上的新纪元，是第一座里程碑。

飞行者一号

最快的直升飞机

百年前发明的飞机在 12 秒飞行了 36 米多取得成功，这个距离仅相当于波音 747 一边机翼的长度。如今超音速飞机绕地球一圈，也不过一天多一点的时间。

目前，世界各国所使用的巡航速度最快的直升飞机，最高时速一般限制在 250～350 公里/小时的范围内。

西科斯基飞机公司的创始人伊戈尔·伊万诺维奇·西科斯基，是世界著名飞机设计师及航空制造创始人之一，他一生为世界航空作出了相当多的功绩，而其中最著名的则是设计制造了世界上第一架四发大型轰炸机和世界上第一架实用直升机。他于 1923 年创立了西科斯基飞机公司，现已成为当今世界上著名的直升机企业之一，从 20 世纪 40 年代开始，西科斯基公司主要生产军用直升机，其产品长期以来一直处于世界领先地位。该公司正在研发的直升机最高时速将超过现役所有直升机的最快飞行速度，有望达到 400 公里/小时。这种新型直升机动力系统也将采用 X2 型螺旋桨推进技术（目前美军最新式的"科曼奇"武装直升机动力系统正采用了 X2 型螺旋桨推进技术）。

美国西科斯基飞机公司研发出的 X2 型螺旋桨推进技术，是在直升机机身的水平中心轴上分别安装一个纵向和横向的螺旋桨旋转系统，当两个螺旋桨旋转系统同时工作后，就会大大提高直升机的水平飞行速度。该公司

西科斯基公司正式开始 CH－53K 直升机

的技术专家说，这种新式直升机除了巡航速度将达到世界最快以外，也拥有包括空中滑翔、高速转弯等一系列先进的直升机飞行技术。

西科斯基飞机公司于 2006 年年底完成这款高速直升机样机的生产制造并开始试飞工作。如果试飞工作顺利，这款新一代高速直升机将投入批量工业生产。

而早在 1986 年 8 月 1 日，约翰·埃金顿和德莱克·科鲁斯于驾驶一架韦斯特兰·林耐克斯公司生产的示范直升飞机，按国际航空协会的规定在英国萨默塞特郡的格拉斯顿伯里上空创下了直升飞机的最高平均时速为 400.87 公里的记录。

2RAH－66 科曼奇武装直升机照片

飞得最高的飞机

百年在人类历史长河中不过是一个短暂的片断，但在这百年中，人类不仅学会了飞行，而且飞得越来越高，越来越快，越来越远。飞机的发明，改变了全球的交通、经济，改变了产业结构和人类的生活。

1903 年莱特兄弟发明的第一架世界有动力飞机"飞行者一号"试飞时仅能飞约 2 米多高。目前飞得最高的飞机是美国的 X－15A 研究试验机，能飞到 10.8 万米高度。

1954 年，美国国家航空咨询委员会（NACA，1958 年改组为现在的美国国家航空航天局，简称 NASA）为了加快吸气式发动机技术研究，以兰利中心为牵头单位实施了一个高超音速研究发动机计划。该计划的主要目的是验证冲压发动机在飞行马赫数为 4—8 时的推力性能。同时，获得在高空高速条件下对气动力、材料和飞行控制技术以及人的生理情况的认识。这就是 X—15 的由来。

1955 年 9 月，北美航空公司战胜贝尔、道格拉斯和共和公司中标，1956 年签署了制造 3 架 X－15 的合同。两年后，第一架 X－15 用卡车拉到爱德华空军基地。1959 年 3 月 10 日，一架 NB－52 开始在爱德华空军基地载着这架 X－15 进行第一次试飞。6 月 8 日，斯科特·克罗斯菲尔德第一次操纵 X－15 脱离母机，并完成无动力滑翔着陆。

1961 年 3 月 30 日，美国航空航天

地面试验中的 X－18

X－15A 号

局的试飞员约瑟夫·沃尔克驾驶该机飞到了 5.1695 万米的高度,1962 年 4 月
30 日飞到了 7.5195 万米的高度,7 月 17 日,他又飞到,被世界航空组织正式
批准为世界绝对纪录。由此他成为世界第一位"驾驶飞机的宇航员"。美国航
空航天局规定:超过 8 万米飞行高度便可称为宇航员。1963 年 8 月 22 日,他
在爱德华空军基地上空,再次飞到了 10.8 万米的高度。

　　X－15A 是北美航空公司研制的以火箭为动力的有人驾驶高空高速研究
机。该机装有一台锡奥科耳化学公司的 XLR99－RM－2 型单腔可调液体推进
剂火箭发动机,在 1.37 万米高空时的推力为 253.85 千牛,机舱上涂有可耐
1648℃高温的物质。该种机共生产 3 架,试验于 1968 年 11 月结束,共计飞行
199 次。该机还是飞得最快的飞机,1967 年 10 月 3 日曾创造了飞行马赫数
6.72 的纪录。1966 年美国第一个登上月球的人阿姆斯特朗就曾驾驶过这种
飞机。

最早的超音速飞机

音速是指声音在空气中传播的速度。高度不同，音速也就不同。在海平面，音速约为 1224 公里/小时。在航空上，通常用 M（即马赫）来表示音速，M＝1 即为音速的 1 倍；M＝2 即为音速的 2 倍。当飞机飞行速度接近音速时，周围的流动态会发生变化，出现激波或其他效应，会使机身抖动、失控，甚至空中解体，并且还可产生极大的阻力，使以突破 M＝1 的速度。人们把这种现象称之为音障。

在第二次世界大战期间，一些活塞式战斗机在加速俯冲速度达到 M＝0.9 时，就曾强烈感受到了音障，并有的飞机因此而失事。当喷气式飞机出现后，使飞机速度有可能大幅度提高时，能否突破音障就成为航空界注视的一大焦点。英国首先开始对超音速飞机进行研究。迈尔斯公司受官方委托于 1943 年研制 M52 型喷气式飞机，目标是速度达到 M＝1.6。但由于当时有人在驾驶其他飞机接近音速时失事遇难，官方认为载人的超音速飞行太危险，后来终止了这一计划。美国于 1944 年开始了同样研究，它采用以火箭发动机为动力。贝尔公司于 1945 年制造出 X—1 火箭实验机，C—1 的机翼很薄，平直翼型。它需由一架 B—29 型重型轰炸机挂在机身下带到空中，然后在空中点火，脱离轰炸机单独飞行。1947 年 10 月 14 日，空军上尉查尔斯·耶格驾驶 X—1 在 12800 米的高空飞行速度达到 1078 公里/小时，M＝1.1015，人类首次突破了音障。

山东生产的活塞式轻型飞机

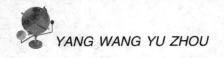
1953 年，试飞员道格拉斯驾驶着"流星烟火"号飞机，在喷气发动机和火箭的双重推力下，首次以音速 2 倍以上的速度飞行。这说明，只要突破 M =1，就不会再有音障存在。人们通过研究发现，采用向后倾斜的机翼可以延缓或消除音障现象的出现，并减少飞行的阻力，有利于提高飞行速度，所以后来的亚音速和超音速飞机大都采用有向后倾斜角度的后掠翼、三角翼或梯形机翼。最早具有后掠翼的实用飞机是 40 年代后期诞生的美国 F—86 和苏联米格—15 战斗机。而第一种实用的超音速飞机是美国于 1949 年研制成功的 F—100 战斗机。

1956 年英国和法国开始分别研发超音速客机；1961 年两国开始协调开发事宜；1963 年 1 月，法国总理戴高乐在一次演说中曾用"协和"这个词来表述法、英两国所从事合作，于是超音速飞机就有了"协和"这个名字。1968 年 12 月底，苏联成功打造出超音速飞机图－144 并试飞成功。此机种从 1977 年开始在苏联民航投入使用，但是由于性能很糟糕并发生两次重大事故，于第二年夭折。在苏联图－144 试飞两个月后，1969 年 3 月，法国和英国飞机制造厂紧锣密鼓开发出"协和"并在法国图卢兹上空试飞成功。1976 年 1 月，协和飞机投入商业运营。20 世纪 80 年代，波音 747 等大型客机开始取代协和飞机粉墨登场，成为普通百姓都能使用的旅行工具。

波音 747

运载能力最大的商用运载火箭

阿丽亚娜 5 型运载火箭是目前世界上运载能力最大的商用运载火箭。当进行单星发射任务时，它可以把 6500 公斤的有效载荷送入地球同步转移轨道，而进行双星发射任务时，可以把 6000 公斤的有效载荷送入相同的轨道。

人类历史上的第一枚现代运载火箭是在 1957 年 10 月由苏联发射成功的，它把世界上第一颗人造地球卫星送入了太空，从此为人类发展航天运输和空间应用技术开创了先河，并奠定了坚实的基础。而欧洲虽然在二战期间，由德国研制了著名的 V－2 火箭，它被公认是后来人类现代运载火箭和洲际弹道导弹发展的雏形。但二战结束后，德国作为战败国，这项技术不仅被迫搁置，而且美国还从德国掠走了大量的火箭部件和技术设计人员，从而壮大了本国的火箭开发实力。由于历史政治原因，欧洲一直没有大规模发展航天运输技术，直到 1973 年 7 月 31 日欧洲空间局成立时才结束了这种局面。

阿丽亚娜 5 型火箭发射升空

1973 年月 12 月，欧洲空间局开始联合投资研制阿丽亚娜 1 型运载火箭，这是一种液体三子运载火箭，研制工作历时 6 年，投资费用约 10 亿美元（1988 年币值）。1979 年 12 月，第一枚阿丽亚娜 1 型火箭首次亮相，并圆满完成了第一次飞行任务，1981 年正式投入商用。自此，欧洲的运载火箭技术获得了快速发展。特别是进入 20 世纪 80 年

美制"宇宙神"-5 运载火箭

代以后，由于商业通信卫星技术的迅猛发展及其大量应用，推动了运载火箭的不断发展。欧空局又在阿丽亚娜 1 型运载火箭基础上陆续研制了阿丽亚娜 2 型、阿丽亚 3 型、阿丽亚 4 型和阿丽亚 5 型运载火箭，从而使阿丽亚系列运载火箭的地球同步转移轨道运载能力从最初的 1850 公斤增加到 6500 公斤。

由于目前世界上最大的商业通信卫星质量不超过在 5.5 吨，而大部分商业通信卫星的质量介于 2.5-4 吨之间，因而阿丽亚娜 5 型运载火箭不仅具有发射世界上最大的高轨道商业通信卫星的能力，还具有一箭发射两颗较大高轨道卫星的能力，这样可以大大降低用户费用。

阿丽亚娜 5 型运载火箭由 4 种型号组成，它除使用了改进的一子级外，还使用了在阿丽亚娜 4 型运载火箭三子级基础上改进而成的新型低温上面级；经过改进后，它的地球同步转移轨道运载能力提高到 8 吨（单星）。而运载能力最大的阿丽亚娜 5 型改进型改进后，地球同步转移轨道运载能力将提高到 12 吨（单星）。2002 年第一种改进型阿丽亚娜 5 型运载火箭投入使用后，欧洲空间局停止生产旧的阿丽亚娜 4 型运载火箭。

在过去十几年里，阿丽亚娜系列运载火箭不仅在激烈的国际商业卫星发射市场竞争中获得了巨大的成功，并且推动了人类现代运载火箭技术的发展。同时，也带动其他航天大国开发研制了新一代运载火箭。如上个世纪 90 年代中期，美国、俄罗斯和日本分别研制了"德尔它 4"、"宇宙神 5"、"安加拉"和"H-2A"系列运载火箭，由于这些运载火箭全部采用了"系列化、标准化、模块化"的设计方案，并且由于引入了高性能发动机等，不仅使其具有了与阿丽亚娜 5 型运载火箭相当的运载能力，还使生产成本大幅降低。这些运载火箭在本世纪初陆续发射成功，并在未来形成一定的生产规模。大批新型运载火箭涌入国际航天发射市场后，必将对未来的市场格局产生重大影响，阿丽亚娜 5 型运载火箭的竞争优势也必将受到影响。

第一颗人造卫星

世界上第一颗人造地球卫星——人造地球卫星 1 号是苏联在 1957 年 10 月 4 日发射的。

1957 年 10 月 4 日苏联拜科努尔航天中心天气晴朗。人造卫星发射塔上竖立着一枚大型火箭。火箭头部装着一颗圆球形的有 4 根折叠杆式天线的人造卫星"斯普特尼克"1 号。随着火箭发动机的一声巨响，火箭升腾，在不到两分钟的时间里消失得无影无踪。世界上第一颗人造卫星发射成功了。

消息迅速传遍全球，各国为之震惊，世界各大报刊都在显要位置用大字标题报道：《轰动 20 世纪的新闻》、《科技新纪元》、《苏联又领先了》、《俄国人又打开了通往宇宙的道路》等。

这颗卫星的本体是一只用铝合金做成的圆球，直径 58 厘米，重 83.6 公斤。圆球外面附着 4 根弹簧鞭状天线，其中一对长 240 厘米，另一对长 290 厘米。卫星内部装有两台无线电发射机——频率分别为 20.005 及 40.002 兆周，无线电发射机发出的信号，采用一般电报讯号的形式，每个信号持续时间约

0.3 秒，间歇时间与此相同。此外还安装有一台磁强计、一台辐射计数器，一些测量卫星内部温度和压力的感应元件及作为电源的化学电池。尽管这颗"小星"在天空不过逗留了 92 天，但它却"推动"了整个地球，推动了各国发展空间技术的步伐。

它在拜克努尔发射场由一支三级

人造地球卫星

运载火箭发射。起飞以后几分钟，卫星从第三级火箭中弹出，达到第一宇宙速度（7.9 公里/秒），进入环绕地球飞行的轨道。它距离地面最远时为 964.1 公里，最近时为 228.5 公里，轨道与地球赤道平面的夹角为 65 度，以 96.2 分钟时间绕地球 1 周，比原来预计的所需时间多 1 分 20 秒。在秋夜的晴空中，有时它像一颗星星在群星中移动，肉眼可以看到它。这颗卫星的运载火箭于 1957 年 12 月 1 日进入稠密大气层损毁。卫星在天空中运行了 92 天，绕地球约 1400 圈，行程 6000 万公里，于 1958 年 1 月 4 日陨落。为了纪念人类进入宇宙空间的伟大时刻，苏联在莫斯科列宁山上建立了一座纪念碑，碑顶安置着这个人造天体的复制品。

历史总不乏戏剧性，据当年担任苏联航天泰斗科罗廖夫第一助手的切尔托克院士近来在莫斯科透露，在那次震惊的航天发射中，苏联航天设计师的主要目的是进行洲际导弹发射实验，送人造卫星上天只是顺便的搭载实验而已！

原来，苏联航天设计师们只想尽快打造一枚能携带核弹头并能达到美国本土的洲际弹道导弹，那时，面临这项主要任务的苏联航天设计师们根本瞧不上实验携带的人造卫星，认为它不过是颗圆铁球、"小玩具"，不会有太大的用途。因此，卫星发射上天的消息在全世界引起巨大反响是苏联航天设计师们根本没想到的。这真是"有心栽花花不活，无心插柳柳成荫"，洲际弹道导弹发射试验失败了，但人类第一颗人造卫星却上天了！苏联也因此戴上了"把第一颗人造卫星送上天"的桂冠。

不久，为了给载人航天预作试验，苏联又发射了第一颗载有名叫"莱依卡"的小狗乘坐的"卫星"2 号人造地球卫星。据有关报道，当年美国总统肯尼迪被苏联这个强劲的对手的惊人之举惊呆了，整个美国航天界为此整整反省了一周。

最长寿的太空探测器

"先驱者10"号在茫茫太空中逸游了25年,向地面发回有关木星的大量科学数据,它是迄今为止人类发射的空间考察器中飞行时间最长和距离地球最遥远的星际探测器。

先驱者10号于1972年3月2日踏上征途,经过1年零9个月的长途跋涉后,穿过危险的小行星带,闯过木星周围的强辐射区,与1973年12月3日与木星相会。它飞临木星时,沿木星赤道平面从木星右侧绕过,在距木星13万公里的地方穿过木星云层,拍摄了第一张木星照片,并进行了十多项实验和测量,向地球发回第一批木星资料,为揭开木星的奥秘立下头功。在木星巨大的引力加速下,直向太阳系边疆飞去。于1989年5月24日飞越过冥王星轨道,带着给外星人的"礼品"——"地球名片",向银河系漫游而去。

"先驱者10号"重量为260公斤。它配有太阳能电池和11台由放射性同位素钚—238作燃料的衰变温度差发电机。该探测器上装有2.7米直径的抛物面天线,对地球定向,发射机用8瓦功率向地面深空跟踪网传输信号。它的原设计寿命只有21个月,其主要使命是实现人类首次对木星的探测。但实际上它的"探测生命"之长,远远超出了人们的预期。"先驱者10号"的最后一次信号是1997年1月22日接收到的,其中已无任何遥测数据。2月7日,宇航局位于加利福尼亚州、澳大利亚和西班牙的巨型天线"深空网络"与该探测器的联络都没有取得任何结果。专家们认为,由于放射性同位素动力源已衰变殆

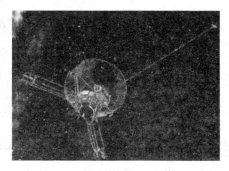

先驱者10号空间探测器

尽，探测器估计已无力再向地球发送信号。美宇航局于是决定放弃与探测器继续联系的努力。

在四分之一世纪的漫漫星际旅行途中，"先驱者10"号创下了诸多的航行纪录。它实现了人造天体对木星的探测。人们知道，无论从体积还是质量，木星都超过其他七大行星的总和，素有太阳系"老大哥"之称。它自转一周仅需9小时50分钟，因而自转速度也居九大行星之首。木星的外表具有美丽的云团大红斑和高于地球20—40倍的强磁场。所有这些都令科学家着迷。然而在此之前，美国和苏联两个航天大国的太空探测器都不曾飞近木星，其原因是环绕木星的有一个小行星带。小行星带区有许多从地面上难以看到的小天体。专家们担心，进入小行星带的探测器很可能遭到碰撞而毁掉。庆幸的是"先驱者10"号安然地进入并穿过火星和木星之间的小行星带，没有受到任何擦伤。1983年，它又第一个飞出太阳系向金牛座飞去，但据估计，它至少还得再飞200万年，才能掠过与金牛座距离最近的恒星。在这之后，科学家仍不定期地与"先驱者10号"联系，并在此基础上试验了一些尖端通信技术。"先驱者10"号还发现：太阳风随距离的增加并不减弱，碰撞加热几乎不损失动能；太阳风暴增长时，日球可以沿磁赤道向外膨胀，其形状极像卵形；当激波和扰动接近日球边界时，它们可以同日球外面的星际介质堆积在一起；在太阳极大时，能探测到一种神秘的高能氦离子成分，它是渗入日球边界的星风中的中性氦在太阳附近被太阳紫外线辐射电离而成的。此外，该探测器还尝试找寻太阳系内存在第九颗行星的证据，探测能够证明爱因斯坦相对论的引力波。

"先驱者10号"还携带了一张镀金盘，它不仅能反映出太阳系在银河系的位置和太阳系的主要成员，还画有"先驱者"10号探测器的外型、飞行轨迹以及男女地球人的简图。按照科学家的建议，名片上还画有氢元素的谱线，因为氢是宇宙中最普通最丰富的元素，只要外太空存在智慧生物，就一定能看懂氢元素的资料。如果外星人获得这张"名片"，破译了"名片"上的内容，就有可能与地球人取得联系。这是一个多么美好的理想啊。但事实上，宇宙太大了，仅"先驱者"飞出太阳系就用了20多年，即使它能到达离地球最近的恒星，恐怕也要几百万年以后了。

最早的国际空间站

国际空间站，又名"阿尔法"空间站，它由美国、俄罗斯、日本、加拿大、巴西和欧洲航天局的 11 个成员国共 16 个国家联手筹建，是世界航天史上第一次由多国合作建造的最大的空间工程。国际空间站的结构非常复杂、体积庞大，投资总额超过 630 亿美元，由 6 个实验舱、一个居住舱、两个连接舱、服务系统及运输系统等组成，是一个长 88 米，重约 430 吨的庞然大物。

国际空间站的设想是 1983 年由美国总统里根首先提出的，即在国际合作的基础上建造迄今为止最大的载人空间站。经过近十余年的探索和多次重新设计，直到苏联解体、俄罗斯加盟。1993 年 11 月 1 日，美国宇航局与世界上唯一拥有长期航天飞行经验和向轨道运送大型物品经验的俄罗斯航天局签署

国际空间站

协议，决定在"和平"号空间站的基础上建造一座国际空间站。1998 年 1 月 29 日，15 个国家的代表在美国华盛顿签署了关于建设国际空间站的一系列协定和 3 个双边谅解备忘录，计划用 9 年时间建成国际空间站，到 2006 年全部建设完毕。

从 1994 年至 1998 年，美、俄两国完成航天飞机与俄罗斯"和平"号空间站的 9 次对接飞行。美国宇航员累计在"和平"号空间站上工作 2 年，取得了航天飞机与空间站交会对接以及在空间站上长期进行生命科学、微重力科学实验和对地观测的经验，可降低国际空间站装配和运行中的技术风险。从 1998 年至 2001 年，美国和俄罗斯等国经过航天飞机、"质子"号火箭等运输工具 15 次的飞行，完成了国际空间站第二阶段的装配工作。从 2001 年至 2006 年，国际空间站完成装配，达到 6—7 人长期在轨工作的能力。此阶段先组装美国的桁架结构和俄罗斯的对接舱段，接着发射日本实验舱和欧空局的哥伦布轨道设施等。

目前，空间站已建成"曙光"、"星辰"等 6 个舱以及机械臂和太阳能电池等外部设施。最终建成的国际空间站包括 6 个实验舱、1 个居住舱、3 个节

国际空间站

点舱以及平衡系统、供电系统、服务系统和运输系统，总重量约为500吨。

其主要结构是：（1）基础桁架。它用来安装各舱段、太阳能电池板、移动服务系统及站外暴露试验设施等。（2）居住舱。它主要用于航天员的生活居住，其中包括走廊、厕所、淋浴、睡站和医疗设施，由美国承担研制与发射到太空。（3）服务舱。它内含科学仪器设备等服务设施，也含一部分居住功能，由俄罗斯研制并发射。（4）功能货舱。它内设有航天员生命保障设施和一部分居住功能（如厕所、卫生设施等），以及电源、燃料暂存地等，舱体外部设有多向对接口，由俄罗斯研制并发射。（5）多个实验舱。其中美国1个、欧空局1个、日本1个、俄罗斯3个。美国、日本和欧空局的3个实验舱将提供总计为33个国际标准的有效载荷机柜；俄罗斯的实验舱中也有20个实验机柜。另外，日本的实验舱还连有站外暴露平台，用于对空间环境直接接触实验。（6）3个节点舱。它们由美国和欧空局研制，是连接各舱段的通道和航天员进行舱外活动的出口。此外，节点1号舱还可作为仓库，用于存储；节点2号舱内有电路调节机柜，用于转换电能，供国际合作者使用；节点3号舱为空间站的扩展留有余地。（7）能源系统和太阳能电池帆板。它们由美国和俄罗斯两国提供。（8）移动服务系统。它由加拿大研制。

装配完成后的国际空间站长110米，宽88米，大致相当于两个足球场大小，总质量达400余吨，将是有史以来规模最为庞大、设施最为先进的人造天宫，运行在倾角为51.6°、高度为397公里的轨道上，可供6～7名航天员在轨工作，之后国际空间站将开始一个为期10～15年的永久载人的运行期。

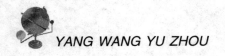

第一艘 "空间渡船"

空间渡船又称轨道转移飞船，是一种正在研究中空间运输器。由乘员舱（也可没有）、推进剂箱、动力装置及制动盘等组成。可以有人或无人。由大型运载系统把它送到空间站，由它将大型有效载荷或人员在空间站与静地轨道、月球间转移。采用积木式结构，能重复使用，其动力可以是化学能或电能（太阳能或核能）。由于仅在空间轨道中转移，所需动力较小，又能重复使用，故成本较低。

航天飞机可称得上是第一种"空间渡船"。航天飞机，是一种兼有航天器和航空飞机两者特性的大型运载工具，英文为SpaceShuttle，其中Shuttle就是梭子的意思。由于航天飞机具有在地球和轨道间，重复往返行动的功能，所以也称之为"太空梭"。

在天上居住的梦想的历史比希腊文化乃至19世纪凡尔纳关于登月的天才预测要年轻得多。它包括：生活并工作在地球以外的空间，建立空间站和太

发现号骑在一架改装过的波音747上飞离爱德华兹空军基地

空建筑等等。这个梦想是由 19 世纪末以来的几代科幻小说家笔下涌现的无数关于太空探索的幻想构成的。这些讨论太空时代细节的文字也启发火箭先驱们要创造一种可以往返于地球和太空之间的货船，以满足空间站建设和维护的需要。

德国人冯·布劳恩曾是 V - 2 火箭的总设计师，也是后来阿波罗登月计划的总导演。在 20 世纪 40 年代末 50 年代初的岁月里，人造卫星计划尚未被美国政府看重，洲际导弹也只是一个模糊的影子。冯·布劳恩乐得向普通人推销他征服太空的宏伟蓝图。1952 年 3 月，在发行量超过 1000 万的《科里尔》杂志封面上，出现了一枚货运火箭在太平洋上空攀升的瞬间。在内文中，布劳恩设想要建造一个轮辐式空间站，数千人在其中生活。为了向这个太空城运送人员物资，有一枚高度超过 24 层楼房、重达 7000 吨的火箭（相当于一艘驱逐舰）充当渡船。火箭的头两级配有降落伞，在燃料耗尽后可以在水面上回收，火箭的第三级带有翼翅，可以像滑翔机一样从太空中螺旋式下降，并以飞机的方式着陆。

这正是 20 年后，冯·布劳恩执掌 NASA 时美国航天飞机的蓝图。甚至，布劳恩对其功能的设想也被后来的航天飞机设计者采纳——"望远镜主要用于研究宇宙的外层区域，对宇宙的这种测绘将得到在地球上无法企及的成果。但是这台带摄影机的望远镜也可以转动，拍摄下面的地球，这样一来，'铁幕'也就不存在了……"这正是后来航天飞机释放哈勃太空望远镜和对地面进行军事侦察的预言。不要忘记，布劳恩是一个经历过战争、讲究实际的工程师，他在 1952 年预测"这种航天器可以改装成一种极其有效的原子弹运载工具……还可以提供军事史上最重要的战术和战略优势。航天器上的人有充足时间发现敌人发射火箭的企图，从而有可能在火箭还没有打到他们之前，就发射反导弹导弹把它摧毁"。

1969 年 4 月，美国宇航局提出建造一种可重复使用的航天运载工具的计划。1972 年 1 月，美国正式把研制航天飞机空间运输系统列入计划，确定了航天飞机的设计方案，即由可回收重复使用的固体火箭助推器，不回收的两

哥伦比亚号航天飞机

个外挂燃料贮箱和可多次使用的轨道器三个部分组成。经过5年时间，1977年2月研制出一架创业号航天飞机轨道器，由波音747飞机驮着进行了机载试验。1977年6月18日，首次载人用飞机背上天空试飞，参加试飞的是宇航员海斯（C·F·Haise）和富勒顿（G·Fullerton）两人。8月12日，载人在飞机上飞行试验圆满完成。又经过4年，第一架载人航天飞机终于出现在太空舞台，这是航天技术发展史上的又一个里程碑。1977年8月12日上午，美国宇航局在加利福尼亚莫哈维沙漠上空成功的进行了航天飞机的第一次大气试验飞行。这架命名为"企业号"的航天飞机由一架波音747型飞机托载飞行，到达6736米的高空，指令长海斯点燃一组起爆器，使航天飞机脱离母机。然后，由驾驶员驾驶它绕了一个大圈子。最后，在爱德华兹空军基地降落。

1981年4月12日，在卡纳维拉尔角肯尼迪航天中心聚集着上百万人，参观第一架航天飞机哥伦比亚号发射。宇航员翰·杨（John W·Young）和克里平（Robert L·Crippen）揭开了航天史上新的一页。这架航天飞机总长约56米，翼展约24米，起飞重量约2040吨，起飞总推力达2800吨，最大有效载荷29.5吨。它的核心部分轨道器长37.2米，大体上与一架DC—9客机的大小相仿。每次飞行最多可载8名宇航员，飞行时间7至30天，轨道器可重复使用100次。

寿命最长的空间站

开展载人航天事业的最终目的不是创造辉煌和连篇不断地谱写光彩夺目的史诗，而是全面、深刻地开发和利用宇宙资源。为实现这一目的，一方面必须发展一种通向太空的经济高效的常规运输手段，另一方面就是要建立永久性航天基地。"空间站"就是向这种永久性的航天基地发展的过渡形式。

空间站和平号

空间站是能载人进行长期宇宙飞行的航天器，又称航天站或轨道站。由于宇宙飞船体积较小，人在飞船上的行动不便，在太空停留的时间又不长，不能携带太多的科学仪器设备进行科研活动，而且一个接一个的发射也耗费了巨额资金和大量的人力、物力。这就迫使人们考虑建造体积更大、活动更自由的飞船，以便装上更多的生活用品和仪器设备，送上轨道长期运行，就像一个搬到空间去的实验室。人们称它为空间站，它是宇宙飞船发展的必然结果。

空间站一般重达数十吨，可居住空间数百立方米。它基本上由几段直径不同的圆筒串联组成，分为对接舱、气闸舱、轨道舱、生活舱、服务舱和太阳电池翼等几个部分。对接舱一般有数个对接口，可同时停靠多艘载人飞船或其他航天器，是空间站的停靠码头。气闸舱是宇航员在航道上出入空间站的通道。轨道舱是宇航员进行科研和工作的场所，装有各种必需的仪器设备。生活舱是宇航员吃饭、休息和娱乐的地方。服务舱主要用来承装动力和能源系统。太阳电池翼通常装在空间站本体的外侧，为空间站上各个仪器设备提供电源。

目前世界上寿命最长的空间站是苏联发射的永久型空间站和平号。1986年2月20日，苏联发射了第三代永久型空间站和平号。它有6个对接口，可作为联盟号载人飞船和其他专业舱停靠的太空基地。和平号总长13.13米，最大直径4.2米，轨道重约21吨。和平号空间站的轨道倾角为51.6度，轨道高度300～400公里。自发射后除3次短期无人外，站上一直有航天员生活和工作。它提供基本的服务、航天员居住、生保、电力和科学研究能力。

和平号是一个阶梯形圆柱体，全长13.13米，最大直径4.2米，

阿尔法号空间站

重 21 吨，预计寿命 10 年。它是由工作舱、过渡舱、非密封舱三个部分组成的，共有 6 个对接口。和平号作为一个基本舱，可与载人飞船、货运飞船、四个工艺专用舱组成一个大型轨道联合体，从而扩大了它的科学实验范围。四个专业舱都有生命保障系统和动力装置，可独立完成在太空机动飞行。这包括工艺生产实验舱、天体物理实验舱、生物学科研究舱和医药试制舱。这几个实验舱可根据任务需要更换设备，成为另一种新的实验舱。在空间站中，宇航员们进行了天体物理、生物医学、材料工艺试验和地球资源勘测等科学考察活动。

和平号空间站不但接待了联盟 T 号和联盟 TM 号载人飞船，还先后与进步号、进步 M 号货运飞船对接组成轨道联合体。最大的轨道联合体全长达 35 米，总重 70 吨，俨然像一座太空列车，绕地球轨道不停地飞驰。

和平号是世界上第一个载人、在宇宙空间长期运转的宇宙空间站。自 1986 年升空以来绕地球飞行了近 8 万圈，行程 35.2 亿公里，共有 28 个宇航组、15 个国家的 138 名宇航员和科学家在这里工作、生活过，进行了几千次科学实验，对人类科学事业发展作出了巨大贡献。

和平号空间站原设计寿命 10 年，到 1999 年它已在轨工作了 12 年多，从 1999 年 8 月 28 日起，和平号进入无人自动飞行状态，至 2001 年 3 月 23 日，和平号平安坠落在南太平洋预定海域，完成其历史使命。作为人类历史上最为成功的长期载人空间站，和平号无疑将永垂史册。

最早的环球飞行

从《西游记》中腾云驾雾的孙悟空到希腊神话中以蜡翼渡海的代达罗斯，从设计扑翼机的达·芬奇到航空学之父乔治·凯利，人类自古以来就渴望摆脱地面束缚、尽情翱翔蓝天。距今一百多年前，这一至高的理想终于得以实现，人类迈入了一个崭新的飞行世纪。1904 年莱特兄弟制造出世界上第一架实验成功的可载人飞机。此后，人类便开始了进行环球飞行的尝试。1924 年 4 月 6 日，由美国飞机设计家道格拉斯设计与制造的道格拉斯式双翼机第一次环球飞行成功，同年 9 月 28 日用同型号飞机的环球飞行亦获成功，道格拉斯及其创办的道格拉斯公司因此名声大振。

美国飞机设计家、道格拉斯飞机公司创办人道格拉斯诞生于 1892 年 4 月 6 日，1914 至 1915 年他协助亨萨克在麻省理工学院建成第一座风洞。1920 年创办道格拉斯飞机公司。在制造 DC－1 型原型机和 DC－2 型生产样机后，1935 年生产了功率更大、性能更好的 DC－3 型"军用代号达科他 C－47"运输机。其他商用飞机还有 4 发动机的 DC－4 型（军用型在空军称 C－54，在海军称 R5D－1），DC－6 和 DC－7 型较为有名。第二次世界大战期间，道格拉斯曾制造 A－20、A－26 轻型轰炸机和 SBD 俯冲轰炸机。战后生产的飞机包括 DC－8、DC－9 和 DC－10 喷气式运输机，以及 A－4 强击轰炸机。1957 年他辞去道格拉斯飞机公司董事长的职务。1981 年 2 月 1 日逝世。

自 1924 年美国陆军航空队完成编队环球飞行之后，很多人一直在准备单机、单人的环球飞行。第一个完成这项创举的是美国的油田工人出身的"独眼龙"飞行员威利·柏斯特。

1931 年柏斯特购买了一架美国洛克希德飞机公司生产的织女星 5C 型

"温尼妹号"飞机。同年 6 月 23 日，他同另一名美国飞行员一起驾驶这架飞机从纽约起飞，沿不列颠群岛和俄罗斯向东飞行，于 7 月日返回，用了 8 天 15 小时 51 分完成了世界上首次单机环球飞行。

福塞特

过了两年，他决意进行一次单人环球飞行。1933 年 7 月 15 日，他仍驾驶那架"温尼妹号"飞机，从纽约市班奈飞机场起飞，于 22 日返回同一机场，完成了单人环球飞行的创举。这次飞行，用了 7 天 18 小时 49 分，向东飞行了 25090 公里，其间曾起飞 10 次，飞行时间为 115 小时 36 分钟，创造了比第一次环球飞行缩短 21 小时的记录。当时波斯特身穿的高空飞行压力服，是用发动机的供压装置送出的空气压吹起来的气囊，他也从而成了世界上第一个使用航天服装备的人。柏斯特驾驶的"温尼妹号"飞机创造的许多记录，都写在飞机的白色机身上。

为了纪念他的创举，那架"温尼妹号"飞机现陈列在美国宇航博物馆内在后期的军用飞机和商用飞机的制造和发展史上，环球飞行成功具有重要启示作用。

1999 年，瑞士精神病医生贝特朗·皮卡尔和英国人布赖恩·琼斯一起完成了世界上最早的驾驶热气球不着陆环球飞行的壮举。

2002 年 7 月，福塞特驾驶着自己的"独立精神号"在第七次冒险时，终于在 15 天内掠过了澳大利亚、南美、太平洋、印度洋和大西洋，行程达两万多公里，创造了世界热气球飞行的最长时间纪录，他也因此成为独自完成热气球不间断环球飞行的第一人。2005 年 2 月 28 日，福塞特驾驶"环球飞行者"号，开始了一段长达 67 个小时、跨越 3.7 万公里的冒险之旅，成为世界上单独驾驶飞机完成不间断环球飞行的第一人，同时也创造了喷气式飞机中途不加燃料的最长飞行纪录。

最早飞上太空的宇航员

1961 年 4 月 12 日，在人类航天史上，这是具有开创性意义的一天。上午 9 时 7 分，苏联"东方号"载人飞船在苏联哈萨克中部的拜拜努尔发射场发射升空，飞行 108 分钟后，于萨拉托夫州捷尔诺夫卡区斯梅洛夫村附近着陆，其间共飞行 40868.6 公里，最大飞行速度 28260 公里/小时，最大飞行高度 327 公里。这是人类有史以来的第一次载人航天飞行，苏联宇航员尤里·加加林，"东方号"的惟一乘员，从此作为第一位飞上太空的人而永载史册。

加加林 1934 年 3 月 9 日出生于苏联斯摩棱斯克州格扎茨克区的一个农民家庭。1951 年，他以优异成绩毕业于柳别尔齐职业中学，成为受训冶金工人并继续在萨拉托夫工业技术学校学习，业余时间学习飞行。1955 年以优异成绩从工业技术学校毕业后，开始在奥伦堡航空军事学校学习飞行，1957 年参加原苏联军队，并成为原苏联北方舰队航空军团的一名歼击机飞行员。

1959 年，俄罗斯宇航之父科罗廖夫着手进行载人宇宙飞行的研究。莫斯科决心要抢在华盛顿之前，把载人飞船送入太空，宇航员的选拔工作因此变得相当紧迫。数千名符合选拔条件的空军飞行员参加了进入宇航员训练中心的角逐，加加林和其他 19 名歼击机驾驶员经过层层筛选，最终获取了苏联首批宇航员的光荣身份。加加林以坚实的爱国精神、对飞行成功的坚定信念、优秀的体质、乐观主义精神、随机应变的机智、勤劳、好学、勇敢、果断、认真、镇静、纯朴、谦逊和热忱。除以上条件外，对于第一名航天员的人选，赫鲁晓夫当时还作过如下指示：必须是纯俄罗斯人。因而，具备同等条件的乌克兰族的航天员托夫成为首次航天的预备航天员。

加加林提前两小时就进入了飞船，随后就出现了不愉快的事情。先是发

现舱门未关，后来又发现加加林忘了打开通讯开关，无法与地面联络。马尔杰缅诺夫急中生智，利用一个小电台调出频率，总算恢复了与加加林的联络。"但距点火还有很长时间，为了让加加林别太紧张寂寞，总设计师让我给加加林放点音乐，我给他放了奥库德热维的流行歌曲。"倒计时数秒的最后一瞬，加加林喊出了那个流芳百世的名句："飞起来了！"当时还没有地面与飞船间的视频系统，基地只听见他的声音，却不见其人。整个飞行全部录音，磁盘的重量就达 40 公斤。磁盘后来都装进箱子。贴在箱口的封条上写着："绝密永久保存。"

"东方"号宇宙飞船于 1961 年 4 月 12 日莫斯科时间上午 9 时零 7 分发射，在最大高度为 301 公里的轨道上绕地球一周，历时 1 小时 48 分钟。历史将永远记住这一刻：1961 年 4 月 12 日 10 时 55 分，加加林在顺利完成宇宙之行后于萨拉托夫州斯梅洛夫卡村附近着陆。这次飞行之后，世界各国报纸立即对此进行了报道，使加加林的名字在全球家喻户晓。加加林也因此荣获列宁勋章并被授予"苏联英雄"和"苏联宇航员"称号。在这次历史性的飞行之后，加加林曾多次出国，访问过 27 个国家，22 个城市授予他荣誉市民称号。

首次太空飞行之后，加加林积极参加训练其他宇航员的工作，1961 年 5 月成为宇航员队长，1963 年 12 月荣升为宇航员训练中心副主任。在训练其他宇航员的同时，他自己并没有放弃训练，梦想着能够再次进入太空。1967 年 4 月，他完成了"联盟"号飞船首次飞行的培训准备工作，成为宇航员科马罗夫的替补。他在进行宇航训练之余，并未放弃驾驶歼击机，还专门进入茹科夫斯基航空军事学院继续学习飞行，并于 1968 年毕业。

加加林

　　1968 年 3 月 27 日，加加林在驾驶喷气式双座飞机进行训练时坠机身亡，与他同时遇难的还有飞行教官谢廖金。政府当时曾成立专门委员会对坠机事件进行调查，但却一直未公布调查结果。加加林遇难原因也就有了各式各样的说法和版本。据说，事故调查委员会成员都是一流专家，他们调查了从技术设备到飞行员全部操作的每项细节，却未发现任何异常情况，从技术上找不到导致事故的原因。但事故毕竟发生了，于是专家们只好猜测当时到底发生了什么事情：一是飞行员在下降时可能把云朵当成了突然出现的障碍；二是出现一群飞鸟；三是飞机陷入另一架飞机的尾迹或上升的纵向气流当中。

　　加加林死后，其骨灰被安葬在克里姆林宫墙壁龛里，他的故乡格扎茨克被命名为加加林城，他训练所在的宇航员训练中心也以他的名字命名。为纪念加加林首次进入太空的壮举，俄罗斯把每年的 4 月 12 日定为宇航节，在这一天举行隆重的纪念活动，缅怀这位英雄人物。

火箭实验的创始者

　　罗伯特·戈达德是美国最早的火箭发动机发明家，是"火箭实验创始者"，被公认为现代火箭技术之父。

　　戈达德出生于美国马萨诸塞州，在他 17 岁的时候就向往火星之旅了。十年以后戈达德认识到，惟一能达到这个目的的运载工具就是火箭。从那时起，他就决定将自己献身于火箭事业。24 岁从渥切斯特技术学院毕业后进入克拉克大学攻读博士学位。1911 年他取得博士学位后留校任教。1914 年他开始用火药制成许多小型固体火箭，对火箭理论进行实验性研究。他发现要使火箭达到宇宙航行所需的能量和速度，只有采用液氧、液氢为燃料的火箭发动机才能取得成功。

　　1919 年，戈达德在经典名著《到达极高空的方法》中，透彻地阐述了火箭运动的基本数学原理，同时详尽论证了火箭把人和仪器送上月球的可行性，开创了航天飞行和人类飞向其他行星的时代。1922 年 3 月，戈达德向克拉克大学提交了液体火箭的总体设计方案，研制出用液氧和煤油来推进的液体火箭。1925 年在他的实验室旁的小屋里，一台液体推进剂的火箭发动机进行了静力试验，1926 年成功

戈达德

日本 H－2 火箭（液体火箭）

地进行了世界第一次液体火箭发动机的飞行。在马萨诸塞州的奥本，冰雪覆盖的草原上，戈达德发射了人类历史上第一枚液体火箭。火箭长约3.4米，发射时重量为4.6公斤，空重为2.6公斤。飞行延续了约2.5秒，最大高度为12.5米，飞行距离为56米。这是一次了不起的成功，它的意义正如戈达德所说："昨日的梦的确是今天的希望，也将是明天的现实。"

戈达德于1929年又发射了一枚较大的火箭，这枚火箭比第一枚飞得又快又高，更重要的是它带有一只气压计、一只温度计和一架来拍摄飞行全过程的照相机，这是第一枚载有仪器的火箭。1931年，戈达德采用与现代火箭相仿的程序发射方法，他首先采用陀螺仪控制火箭的飞行方向，火箭的飞行时速猛增至885公里，飞行高度达到了2500米。1935年，戈达德的火箭冲破了20公里，时速超过1193公里，首次实现了人造飞行器的超音速飞行。

此外，他还获得火箭飞行器变轨装置和用多级火箭增大发射高度的专利，并研制了火箭发动机燃料泵、自冷式火箭发动机和其他部件。他设计的小推力火箭发动机是现代登月小火箭的原型，曾成功地升空到约2公里的高度。他一共获得过214项专利。

戈达德的研究极端缺少经费，而且挑剔的舆论界也不放过这位严谨的教授。《纽约时报》的记者们嘲笑他甚至连高中的基本物理常识都不懂，而整天幻想着去月球旅行。他们称戈达德为"月亮人"。为新闻界左右的公众也对这位科学家的工作表示怀疑和不理解，但这都不能撼动顽强的戈达德。最好的办法是走自己的路，继续自己的研究，而对公众的反应保持沉默，因为他很清楚这种讥讽是不会持久的。

　　意想不到的是报界的报导引起了美国航空界先驱人物之一林白的注意。在亲自考察了戈达德的试验和计划之后，他立即设法从格根海姆基金会为戈达德筹得 5 万美元。这对于极端缺少资金而又迫切需要进行实验设计的戈达德真是雪中送炭。这时马萨诸塞州对于戈达德的计划就显得太拥挤了，于是在 1930 年他的全家和四个助手迁到新墨西哥州的罗斯威尔建立他的发射场。到 1941 年，除了短暂的中断之外，他在这里从事了在科技史上最令人瞩目的个人研究计划。

　　戈达德虽然成功地发射了世界上第一枚液体火箭，但最初并没有引起美国政府的重视和支持，所以到他逝世时美国的火箭技术还远远落后于德国。直到 1961 年苏联宇航员加加林上天后，美国才发表了戈达德 30 年来研究液体火箭的全部报告。后来，他被誉为美国的"火箭之父"，被追授了第一枚刘易斯·希尔航天勋章，美国宇航局的一座空间飞行中心被命名为"戈达德空间研究中心"。

　　戈达德的坎坷而英勇的一生，所留下的报告、文章和大量笔记是一笔巨大的财富。这些财富不仅对后人的研究起到了重要的作用；而且对各国航天的历史起到了不可替代的作用。对于他的工作，冯布劳恩曾这样评价过："在火箭发展史上，戈达德博士是无所匹敌的，在液体火箭的设计、建造和发射上，他走在了每一个人的前面，而正是液体火箭铺平了探索空间的道路。当戈达德在完成他那些最伟大的工作的时候，我们这些火箭和空间事业上的后来者，才仅仅开始蹒跚学步。"

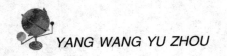
第一位踏上月球的宇航员

月球早在史前就已被人所知道。它是空中仅次于太阳的第二亮物体。由于月球每月绕地球公转一周，地球、月球、太阳之间的角度不断变化；我们把它叫做一个朔望月。一个连续新月的出现需要 29.5 天（709 小时），随月球轨道周期（由恒星测量）因地球同时绕太阳公转变化而变化。

在太空探索中，月球作为我们的近邻，因其特殊的位置，丰富的资源而又重新受到关注。由于月球具有几乎没有大气层，没有磁场，弱重力场和稳

奥尔德林

定的地质构造等特征，所以从月球上发射深空探测器比在地球上要容易得多。因此，未来的月球基地不仅可以作为一个天然的发射平台，还是一个理想的太空探测的中转站。

第一批在月球上登陆的人是美国宇航员阿姆斯特朗和奥尔德林。他们乘坐阿波罗 11 号宇宙飞船经过 100 小时的飞行到达月球。

阿姆斯特朗在过 16 岁生日时成为持有执照的飞行员，1947 年为海军飞行学员。他在印第安纳州西拉斐特市珀杜大学学习航空工程。1955 年成为国家航空咨询委员会（NACA），即后来的国家航

宇航员奥尔德林在月球上行走

空和航天局（NASA）的民用飞机研究飞行员。1962 年参加航天计划。1966 年 3 月为"双子星座—8"号宇宙飞船特级驾驶员。

1969 年 7 月 16 日，阿姆斯特朗同小奥尔德林、科林斯一起乘"阿波罗 11 号"飞船飞向月球。4 天后于美国东部夏令时下午 4 时 18 分，由他手控操纵"鹰"号登月舱在宁静海西南缘附近的平坦地带着陆。7 月 21 日美国东部夏令时上午 10 时 56 分，飞行指令长阿姆斯特朗爬出登月舱的气闸室舱门，在 5 米高的进出口台上待了几分钟，以安定一下激动的心情。然后他伸出左脚慢慢地沿着登月舱着陆架上的一架扶梯走向月面。他在扶梯的每一级上都稍微停留一下，以使身体能适应月球重力环境。走完 9 级扶梯共花了 3 分钟，4 时 7 分他小心翼翼地把左脚触及月面，然后鼓起勇气将右脚也站在月面上。于是在月球那荒凉而沉寂的土地上第一次印上了人类的脚印。当时他说出了此后在无数场合常被引用的名言："这是个人迈出的一小步，但却是人类迈出的一大步。"

　　阿姆斯特朗和奥尔德林在月面上总共停留了 21 小时 18 分,在舱外活动了 2 小时又 21 分钟。在这无声无息的环境里,他们安装了自动月震仪、激光后向反射器、太阳风测试仪,并收集了 23 公斤的月球岩土标本,插上了一面美国星条旗。电视摄像机不断地把他们的活动拍摄下来送回地面,使地面上千千万万观众与他们一道经历了这一场冒险。当时,他们的另一位同胞柯林斯却在 500 公里高的月空中飞行,以等候他们的胜利归来。

　　7 月 24 日美国东部夏令时下午 12 时 51 分,"阿波罗 11 号"飞船溅落于太平洋。同年获总统颁发的自由勋章。

　　1971 年,阿姆斯特朗从国家航空和航天局辞职。1971—1979 年任俄亥俄州辛辛那提大学航空航天工程教授,1979 年后任俄亥俄州莱巴嫩市供应油田设备的卡德韦尔国际有限公司董事长。1985 年 3 月任太空问题全国委员会成员。1986 年 2 月任调查航天飞机事故的总统委员会副主席。80 年代起,他还曾担任多所公司的董事或董事长。1999 年 7 月 20 日,美国在华盛顿航空航天博物馆举行仪式,纪念人类首次登月 30 周年。戈尔副总统在仪式上将"兰利金质奖章"授予首次登上月球的美国宇航员尼尔·阿姆斯特朗和他的同伴埃德温·奥尔德林以及驾驶指令舱的迈克尔·柯林斯。

载人航天吉尼斯

从载人飞船到航天飞机，再到如今的空间站，一部人类飞天的历史，已经走过了 42 年，为"首"的纪录层出不穷，现摘选其中若干：

1961 年 4 月 12 日，苏联宇航员加加林乘"东方"1 号飞船升空，历时 108 分钟，代表人类首次进入太空。

1969 年 7 月 21 日，美国宇航员阿姆斯特朗走出"阿波罗"11 号飞船的登月舱，在月面停留 21 小时又 18 分钟，成为人类踏上月球第一人。

1984 年 2 月 7 日，美国宇航员麦坎德列斯和斯图尔特不拴系绳离开"挑战者号"航天飞机，成为第一批"人体地球卫星"。

1967 年 4 月 24 日，苏联宇航员科马洛夫，乘"联盟"1 号飞船返回地面时，因降落伞未打开，成为第一位为航天殉难的宇航员。1971 年 4 月 9 日，苏联发射世界上第一艘长期停留在太空的"礼炮"1 号空间站。

1981 年 4 月 21 日，美国成功发射并返回世界上首架航天飞机"哥伦比亚号"，使可重复使用的天地往返系统梦想成真。

1965 年 3 月 18 日，苏联宇航员列昂诺夫走出"上升"2 号飞船，离船 5 米，停留 12 分钟，实现人类航天史上第一次太空行走。

"阿波罗 11 号"飞船搭载的登月舱

挑战者号

1969 年 1 月 14～17 日，苏联的"联盟"4 号和 5 号飞船在太空首次实现交会对接，并交换了宇航员。

1975 年 7 月 15～21 日，美国的"阿波罗号"飞船和苏联的"联盟"19 号飞船在太空联合飞行，成为载人航天的首次国际合作。

1995 年 6 月 29 日，美国"亚特兰蒂斯号"航天飞机与俄罗斯"和平号"空间站第一次对接，开始了总计 9 次的航天飞机与空间站的对接，为建造国际空间站拉开了序幕。

俄罗斯的波利亚科夫于 1994—1995 年间在"和平号"空间站上连续停留 438 天，成为在太空时间呆得最长的男宇航员；而美国的露西德于 1996 年在"和平号"上停留了 188 天。成为存太空时间呆得最长的女宇航员。

1986 年 2 月 20 日进入轨道的苏联"和平号"空间站，在太空中运行了 13 年，成为寿命最长的空间站。

1995 年 3 月 2～18 日，"奋进号"航天飞机在太空中飞行，上面的 7 位宇航员加上"和平号"上的 6 位宇航员，共有 13 位宇航员同时在太空，成为同时在太空中人数最多的一次。

1986 年 1 月 28 日，"挑战者号"航天飞机起飞时发生爆炸，7 位宇航员全部遇难，成为迄今最大的一次航天灾难。

航天飞机最长的一次太空飞行，是 1996 年 11 月 19 日起飞、12 月 7 日降落的"哥伦比亚号"，历时 17 天 15 小时 53 分钟。但不幸的是，今年 2 月 1 日，"哥伦比亚号"在返回途中失事。

航天史上第一位女指令长

艾琳·柯林斯 1956 年 11 月 19 日出生于美国纽约，1978 年获锡拉丘兹大学数学和经济学学士学位。1986 年获斯坦福大学硕士学位。1989 年获韦伯斯特大学航空系统管理学硕士学位。

1976 年，美国空军首次招收女性接受军事飞行训练，使她有机会进入空军试飞驾驶员学校。1979 年结束空军飞行员训练，任 T-38 教练机飞行员至 1982 年。1983～1985 年任 C-141 型飞机机长。1986～1989 年在美国空军学院任助理教授。1990 年 1 月从试飞驾驶员学校毕业的同时被挑选接受宇航员培训。升为空军中校，承担过教练机飞行员、飞行教员和军用运输机机长的

柯林斯

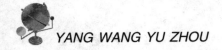
工作。她驾驶过 30 多种不同的飞机，累计飞行时间已有 4000 多个小时。1991年 7 月起成为宇航员。

实际上，柯林斯并不是第一个女宇航员。1963 年，苏联宇航员捷列什科娃就独自一人驾驶太空飞船遨游太空 71 个小时。但是苏联著名的火箭设计和太空技术专家罗廖夫·科罗廖夫对捷列什科娃非常不满。据他的记录，捷列什科娃在这次太空之旅中屡屡犯错，以至于他发誓"以后再也不让女人参与太空计划了"。科罗廖夫是个言出必践的人，在他的影响下，此后的 19 年里，苏联再没把一位女性送上太空。

捷列什科娃驾驶太空飞船遨游太空时，柯林斯才刚刚 6 岁。即使不算这个苏联女宇航员，在柯林斯之前，美国的宇航员队伍中也出现了不少女性的身影。从小就向往天空的柯林斯为了自己的飞天梦想不断努力。1995 年 1 月3 日至 11 日，38 岁的柯林斯担任了代号为 STS－63 的任务，随"发现"号航天飞机升上太空。为缅怀激励自己创造这一记录的先辈，把 1932 年以女性身份首次单人驾机飞越大西洋的阿米莉亚·埃尔哈特使用过的一块头巾带在身

发现号机长柯林斯抵达肯尼迪航天中心向人们挥手

边，完成了"发现"号 2 月 3 日至 11 日的飞行。柯林斯是美国航天史上第一个航天飞机女驾驶员，而在她之前的女宇航员所从事的都是医疗、后勤支持等工作。之后，柯林斯担任了 1997 年 5 月 15 日～24 日代号为 STS－84 航天任务的飞行员。

1998 年 3 月，柯林斯被召往白宫，当时的美国第一夫人希拉里·克林顿在白宫正式宣布任命她为美国宇航局惟一的女性航天飞机机长。在此之前美国 38 年的航天史上，从未有一个女性能够成为航天飞机的领导者，担负起完成一次重大航天行动的重任。1999 年 7 月她成为有史以来第一位女航天飞机指令长。在美国，女飞行员驾驶飞机、甚至战斗机已不是新鲜事，但女宇航员担任指令长却是首次。7 月 23 日，柯林斯坐到指令长的位置上，实现了很多女性的梦想。为此，美国宇航局邀请了美国政界、航空航天领域、科学界和工程界的数十位知名女性前往肯尼迪航天中心为柯林斯送行，如卫生和公众服务部部长唐娜·沙拉拉、13 位女性国会议员、民谣歌手朱迪·柯林斯。希拉里、切尔西和美国女足也在参加完白宫的一个活动之后赶到发射现场。

柯林斯的丈夫帕特·扬斯抱着他们 3 岁半的女儿布里奇特目睹柯林斯所乘的"哥伦比亚"号在耀眼的火焰中升空。41 岁的扬斯自己是一名飞行员，对妻子的飞行充满信心。一些好心人为首位女航天飞行指令长的处女飞行发出了欢呼。一个在航天部门工作的女士挥舞着一个条幅，上面写着"艾琳，只管去做吧"。她驾驶"哥伦比亚"号航天飞机完成了 7 月 23 日～27 日的飞行。

2005 年 7 月 13 日，柯林斯作为资深航天员，又承担一个具有历史性的重任，担任了"发现号"的机长。这次成功的飞行，使得在"哥伦比亚号"航天飞机失事两年多之后，美国的航天飞机再次成功进入太空，她和她的机组成员的完美表现，挽救了因"哥伦比亚号"失事而遭受打击的美国宇航局的声誉乃至命运。

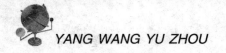
人类首次月球车行驶

  月球车是在月球表面行驶并对月球考察和收集分析样品的专用车辆。世界上第一颗人造卫星发射成功后，人们便开始了飞向地外天体的准备。然而，在对月球表面探测过程中，采取什么的运输工具才有可能在月面上进行实地考察呢？于是，产生了月球车。为了使月球车在月面上能够顺利行驶，美国、苏联曾发射了一系列的卫星探测，并对月面环境进行了反复的科学实验，为在探测器上携带月球车的成功打下了可靠的基础。月球车分为两类：无人驾驶月球车——由轮式底盘和仪器舱组成，用太阳能电池和蓄电池联合供电。这类月球车的行驶是靠地面遥控指令。有人驾驶月球车——这是由宇航员驾驶在月面上行走的车。主要用于扩大宇航员的活动范围和的体力消耗，可随时存放宇航员采集的岩石和土壤标本。这类月球车的每个轮子各由一台发动机驱动，靠蓄电池提供动力，轮胎在—100度低温下仍可保持弹性，宇航员操纵手柄驾驶月球车，可向前、向后、转弯和爬坡。

  1970年11月17日，苏联发射的"月球"17号探测器把世界上第一台无人驾驶的月球车——"月球车"1号送上月球。此车约重1.8吨，在月面上行驶了10.5公里，考察了8万平方米的月面。此后苏联送上月球的"月球车"2号行驶了37公里，并向地球发回了88幅月面全景图。

月球车

1971 年 7 月 31 日，美国"阿波罗 15"号宇航员戴维斯·R·斯科特和詹姆斯·B·欧文进行了人类首次有人驾驶月球车行驶，他们驾驶着 4 轮月球车，在崎岖不平的月球表面上，越过陨石坑和砾石行驶了数公里。斯科特和欧文成为在月球

阿波罗 15 号

上漫步的第 7 位和第 8 位人，而且是第一个在月球上驾车行驶的。

他们于 30 日在月球的"雨海"登陆，并于美国东部时间 31 日上午 9 时 25 分离开"隼"号登月舱。几分钟之后，他们从宇宙飞船上卸下月行车，开始了他们的勘探旅行。游车的前舵轮操作不灵，但是按设计只有后轮驱动，后驱动轮运转良好。

当宇航员们在埃尔鲍陨石坑的边沿停下时，位于休斯敦的任务控制台打开了游车的电视摄影机，向地球传送非常清晰的彩色图像。电视观众可以看到宇航员挑选和采集月石标本。有一次，他们兴奋地喊道："这里有些漂亮的供地质研究用的岩石。"他们驾车行驶了两小时，走了 8 公里，之后又回到登月舱。斯科特和欧文在驾驶月行车做更多的旅行，共行驶了 27.9 公里后，与同在指挥船中的另一名"阿波罗 15"号宇航员阿尔弗雷德·M·沃顿会合，一起返回。

此后的"阿波罗"16 号、17 号携带的月球车，分别在月面上行驶了 27 公里和 35 公里，并利用月球车上的彩色摄像机和传输设备，向地球实时地发回宇航员在月面上活动的情景及离开月球返回环月轨道时登月舱上升级发动机喷气的景象。

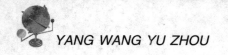

人类首次太空行走

苏联航天员列昂诺夫在 1965 年 3 月 18 日乘"上升 - 2"号飞船遨游太空时，冒险出舱活动 24 分钟，成为世界上太空行走第一人。

列昂诺夫 1934 年 5 月 30 日出生于克麦罗沃州。1953 年参加苏军。毕业于丘古耶夫军事航空学校（1957）和茹科夫斯基军事工程学院（1968）。曾在苏军航空兵部队当飞行员。1960 年进入航天队。

1965 年 3 月 18 日莫斯科时间上午 10 时，"上升 - 2"号飞船轰鸣着，载着两名航天员从拜科努尔发射场升空，其中别列亚耶夫为指令长，列昂诺夫是驾驶员。他们乘飞船进入了 497.7 公里 ×173.5 公里、倾角 64.79 度的预定轨道。飞船入轨后，他们便为太空行走做准备。在别列亚耶夫的帮助下，列昂诺夫将一个生命保障系统背包套在自己的压力服外边，开始吸纯氧，吸了一个多小时后便出舱了。为保持与飞船的联络及安全，列昂诺夫身上系着一根与飞船相连的绳链，绳链长 5.35 米，内有一根电话线，很像婴儿的脐带。

首次在太空行走

当飞船飞到第 2 圈时，列昂诺夫在确认座舱密封完好后打开了向内开的舱门，随着别列亚耶夫的一声"祝你好运"，列昂诺夫浮游进入密封过渡舱，给自己的航天服充压，并检查过渡舱的密封性，调整头盔。此后，列昂诺夫关上座舱盖，于 11 时 34 分 51 秒进入茫茫太空，成为世界上第一个在太空漫步的人。

月球上的人类脚印

事后他说，当我准备好出舱时，轻轻地推了一下舱盖，于是人就像一个软木塞一样呼的一下便冲出了舱口。出舱后列昂诺夫在太空不仅浮游，还翻筋斗，并从舱外卸掉一个相机，移动了几件舱外物体。事实证明，太空并不那么可怕，人只要穿上航天服和带上生保背包，就能在舱外工作和生存。10 分钟后，别列亚耶夫提醒列昂诺夫准备返回座舱，可此时却出了麻烦。列昂诺夫报告说取回舱外相机有困难，相机放进过渡舱时，一松手它就漂走，如此反复数次都是徒劳。最后，列昂诺夫硬把相机推进通道，并用脚踩住，这才将相机放下。可这时列昂诺夫已精疲力竭，出汗量超出了他的航天服所能吸收的量。在他本人进入过渡舱时，又遇到了新问题。为了踩住相机，他的脚先进到过渡舱里，可身子怎么也进不去了，他被卡在了舱门口。这是因为太空是真空的，无法从外部对航天服施压，此时的航天服比想象的要鼓得多，如气球一样。此外，因戴头盔不能擦汗，汗水流到了眼睛上，汗气也使面罩模糊。这时，列昂诺夫除了听到自己的心在咚咚地急促跳动外，什么也看不清，听不见。突然他灵机一动，给航天服放气降压。一次不行两次，两次不行三次，直到将航天服压力降到了极危险的低限，即从 40 千帕降到 25 千帕。他终于穿着瘪下来的航天服活着进了舱门。列昂诺夫在太空行走了 10 分钟，但为了挤进舱门他却拼力花了 14 分钟。返回舱内后，不能重复使用的过渡舱即被抛掉。

列昂诺夫因完成这次飞行，被授予苏联英雄称号。1975 年 7 月 15 日 –20

日，作为船长参加了苏联"联盟－19"号飞船（随航工程师是库巴索夫）和美国"阿波罗"号飞船的联合航天。这是航天史上第一次按照"联盟—阿波罗"计划进行的重大的联合科学实验。它是根据 1970 年 5 月 24 日苏维埃社会主义共和国联盟和美利坚合众国之间签订的为和平目的研究和利用宇宙空间的合作协定进行的。在 6 昼夜飞行过程中，首次检验了靠拢和对接协调吻合设备，实现了苏美航天飞船的对接和两艘飞船乘员的相互换乘，进行了联合科学研究实验。由于胜利地完成了这次飞行，表现英勇，再次荣获"金星"奖章。

为表彰列昂诺夫在开发宇宙空间方面建立的功勋，苏联科学院授予他齐奥尔科夫斯基金质奖章 1 枚，国际航空联合会授予他"宇宙"金质奖章 2 枚。此外，还荣获保加利亚人民共和国社会主义劳动英雄和越南社会主义共和国劳动英雄称号。获"列宁勋章" 2 枚，"红星勋章"和三级"在苏联武装力量中为祖国服务勋章"各 1 枚，奖章及外国勋章多枚。月球背面一环形山以其名字命名。

在太空中工作时间最长的人

俄罗斯宇航员瓦列里·波利亚科夫1994年1月8日进入太空至1995年3月22日顺利返回地面，在太空中"生活"了439天（其中有437天在"和平"号轨道空间），创下了人类在太空生活单次时间最长的纪录。1995年4月12日，俄罗斯"宇航节"这一天，叶利钦总统授予他"俄联邦英雄"荣誉称号。

世界上首次载人宇宙飞行是在1961年4月12日，苏联宇航员加加林少校乘坐"东方"号宇宙飞船在太空飞行了108分钟。第2个是他的同胞季托夫少校，他于1961年乘"东方"2号宇宙飞船飞行了一天多——25小时18分钟。1965年12月4日，美国宇航员弗兰克，博尔曼和詹姆斯·洛弗尔突破了10天大关，他们二人在轨道上呆了13天18小时35分31秒。1971年6月，苏联宇航员多布罗沃斯基和帕查耶夫又夺回了纪录：他们乘"联盟"11号飞船飞上"礼炮"号空间站，并随其飞行了23天18小时21分43秒。宇宙飞行时间纪录在苏联人和"礼炮号"和"和平号"空间站与美国人及其空间站"天空试验室"之间易手。在波利亚科夫创造纪录前，保持者为苏联上校季托夫和随船工程师马纳罗夫，成绩为365天22小时39分47秒。

最初波利亚科夫计划在太空飞行500天，即按专家们所说的"绕地球飞行8000周，行程3亿公里"。飞船发射原定于1993年11月中旬，后由

前苏联"礼炮"4号空间站

于技术原因推迟。1994 年 1 月 8 日，在拜科努尔发射场，"联盟" TM－18 宇宙飞船把指令长阿法纳西耶夫上校、随船工程师乌萨切夫和考察宇航员、医生波利亚科夫送往"和平"号空间站，开始了第 15 次太空考察。在这次飞行中，波利亚科夫将进行人类历史上时间最长的宇宙飞行，要在空间轨道上连续工作 400 天以上，这是前所未有的壮举。

波利亚科夫成功地完成了他的计划，在"和平"号轨道空间生活了 439 天，绕地球飞行了 7000 多周，航程达 2 亿 9000 万公里，飞行最大高度（远地点）400 公里。如果加上所有的飞行时间，波利亚科夫在太空上的总天数达到了 678 天 16 小时 58 分 6 秒，共绕地球飞行了 10864 圈，这又是一项绝对世界纪录。值得一提的是，波利亚科夫的第一次太空飞行就相当引人注目：1988 年 4 月 27 日，他乘"联盟" 6 号宇宙飞船上天，在"和平"号空间站上工作了 241 天。

专家们开玩笑地说，在太空飞行这么长时间，完全可以飞到火星去了。实际上，这样的目标已经确定了，而波利亚科夫的亲身实践从生物医学角度证明了飞往火星的可能性。波利亚科夫在飞船着陆后，不用外界的帮助，自己独立从降落舱中走出，显示出超人的能力。而且，在着陆第二天，他就能轻松地在久违了的母亲大地上散步了，并无需别人帮助自己走去进行医学检查。在此之前，为了实现这一切，科学家和宇航员们花费了 33 年的时间。

俄航天专家认为，未来的火星载人飞行所需时间将不少于 440 天，在如此长时间的星际飞行过程中保证宇航员的健康极为重要。预计火星载人飞行中将有一名具有医生身份的宇航员参加，以保证对参与火星飞行的多名宇航员直接进行医疗检查并提供相关的医疗保障服务。2005 年 62 岁的有医生身份的波利亚科夫在庆祝 1995 年太空飞行完成 10 周年前夕向此间媒体介绍说，他打算参与未来的火星飞行，创造高龄宇航员参与太空飞行的纪录。

第一位驾驶飞机速度超过间障的女性

音速又称声速，即声波在媒质中的传播速度。音速的快慢与媒介的性质与状态有关。例如通常声波在空气中的传播速度为每秒 340 米左右。所谓超音速飞行，通俗的说就是速度超过声音速度的飞行，科学上的定义是马赫数大于 1（M > 1）的飞行。

飞机的飞行速度在接近音速时，飞机的机身、机翼、尾翼等部位上会产生激波，增大了阻力，这就是波阻。由于波阻的影响，飞机在进行超音速飞行时，阻力大为增加。当时从事研制飞机的一些人们，把音速（340 米/秒）看作是一种天然不可逾越的障碍，称为"音障"。

1943 年兰利研究中心提出了一个"研究机"的方案，并把"研究机"命名为 X—1。为了减少阻力，这架飞机的外形设计就像一枚炮弹，这是为了减小由于波阻产生的阻力，机身外壳大部分仍采用铝合金，但结构大为加强。为了充分发挥燃料的作用，这架飞机采用空中投放方式，以节省起飞时要消耗的燃料。查尔斯·耶格上尉进行了试行，终于突破了"音障"，使人类开始了超音速飞行。其后，美国于 1949 年研制成功的 F—100 战斗机成为人类历史上第一种实用的超音速飞机。

1953 年 5 月 18 日，杰奎琳－考克伦成为第一位驾驶飞机速度超过音障的妇女。她是美国最优秀的飞行员之一。她驾驶的是一架加拿大制造的 F－86 型"佩剑"喷气式战斗机。飞机在离洛杉矶北部 100 公里的爱德华空军基地上空飞行。考克伦的飞机发出声震，几次雷鸣般地掠过沙漠上空，当她作垂直俯冲后以时速超过 760 英里的速度作水平飞行，她创造了每小时 652 英里的新世界纪录，打破了 1951 年创造的纪录。考克伦小姐是美国空军预备役部队的中校，由于成绩显著，曾获优秀服役奖。上次由妇女创造的 100 英里近程飞行纪录是每小时 540 英里，是由法国总统的儿媳杰奎琳－奥里尔创造的。

航行次数最多的宇航员

驾驶航天飞机在太空翱翔是很多人的梦想。不过，要想成为一名合格的宇航员，并不是一件轻松的事情，而且即使是那些专业的宇航员，也不一定有机会可以亲身经历一次"太空之旅"。

在美国的 142 名宇航员中，有 1/3 的宇航员从来没有真正执行过太空任务。已经在美国国家航空航天局工作了 8 年的乔治．扎姆卡就是其中的一个。他说："虽然每一个在航空航天局工作的宇航员都渴望能到太空中去执行任务，但是事实上可以实现这一愿望的宇航员并不多。"

在那些还没有到过太空的宇航员中，除了一些新手之外，其他人都已经等待了几年甚至是十几年。1967 年就被选为宇航员的斯托里·马斯格雷夫，在足足等待了 16 年之后终于有机会完成了他的遨游太空梦。

斯托里·马斯格雷夫出生于波士顿，在马萨诸塞州他父母的农场中长大。1967 年 8 月，马斯格雷夫被 NASA（美国航空和宇航局）选拔成为第一批宇航员——科学家中的一员，经过完整的宇航员培训，他参与到了太空实验室的设计与研制项目中，成为第一次太空实验室行动的修补飞行员。马斯格雷夫帮助设计了宇航服、

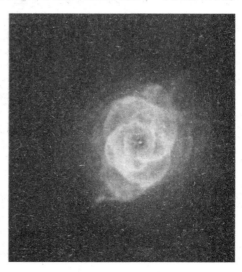

哈勃望远镜下的太空

马斯格雷夫

生活维持系统、气锁、用于太空行走以及其他太空船外活动的有人驾驶机动舱。直到1983年，他才等来了人生中的第一次太空飞行。顺利完成任务的马斯格雷夫并没有"我终于做到了"的激动感觉。在16年的等待中，马斯格雷夫从来不必通过让自己忙碌于工作和致力成为最优秀的人来排解焦虑。在自传《太空是我的事业》中，马斯格雷夫说："我从来没有为不能上太空烦恼过，太空对我来说是一项事业，它不是什么通向其他成功之路的跳板，因此我总是尽自己最大努力做好每一件事。"

他从1983年至1996年共完成太空飞行6次，合计53天。1983年4月7日他参加"挑战者号"航天飞机的处女航，当地时间下午4点23分，马斯格雷夫在他第一次航天飞行中，从打开的货舱舱门走了出去，此时他的宇宙服拴有一根长约15米的保险丝，以免他飞离航天飞机而去。马斯格雷夫在太空中时而伸腿舒脚，时而自由飘飞，时而凝神定气，好不自在，从而成为世界上第一位从航天飞机步入太空的人。在他的第二次太空飞行任务中，他担任了发射和再进进的系统工程师，并在轨道运行中担任飞行员。

在马斯格雷夫太空飞行中，最富戏剧性的是第五次，在"奋进者号"航天飞机上，马斯格雷夫承担了修理哈勃太空望远镜的任务。经过为期11天的工作，哈勃望远镜恢复的全部的功能。这次修理共需要五次太空行走，其中有三次是由马斯格雷夫完成的。

1996年11月19日至12月7日，61岁的斯托里·马斯格雷夫驾驶"哥伦比亚"号航天飞机第六次次飞入太空，成为当时进入太空的年纪最大的宇航员。这次飞行历时17天15小时53秒，飞船共绕地球轨道运行278圈，创运行圈数最高纪录，飞行里程超过1127万公里。

1997 年，在执行了 6 次飞行任务后，他离开了美国宇航局，此后，他为报纸和杂志撰写了大量有关空间科学的文章，还为多个机构担任科技顾问。在好莱坞悬念大师布赖恩·德·帕尔玛导演的《火星之旅》中，马斯格雷夫参与了剧本、布景、特技甚至是演员选择的准备工作。

美国宇航员约翰·扬是 1965 年至 1983 年第一个完成 6 次太空飞行的人。6 次航行合计 34 天。另一位完成 6 次太空飞行的宇航员是富兰克林·张一迪亚士（哥斯达黎加），他在 1986 年至 1998 年共在太空飞行 6 次，合计 52 天。

哥伦比亚号

航天史上最大的惨剧

挑战者号航天飞机是美国航空太空总署旗下正式使用的第二架航天飞机。它于 1983 年 4 月 4 日至 4 月 9 日进行了首次飞行。绕地球 80 圈，航程达 330 万公里，整个发射和着陆过程都很顺利。轨道飞行期间，宇航员充分试验这架航天飞机的各个系统，还施放了一颗大型跟踪与数据中继卫星，进行了 9 年来的第一次舱外空间行走，试验了新型宇宙服。此外，还做了一系列空间医学和科学试验。除了"挑战者"号施放的那颗巨大的通信卫星由于卫星本身火箭的原因未能达到预定的同步轨道之外，整个飞行获得成功。

1986 年 1 月 28 日，美国挑战者号航天飞机载 7 名宇航员，进行它的第 10 次飞行。这一天早晨，成千上万名参观者聚集到肯尼迪航天中心，等待一睹挑战者号腾飞的壮观景象。上午 11 时 38 分，在人们目送之下，竖立在发射

挑战者号宇航员

架上的挑战者号点火升空，直飞天穹，看台上一片欢腾。7 秒钟时，飞机翻转，16 秒钟时，机身背向下，底朝上完成转变角度；24 秒时，主发动机推力降至预定功率的 94%，42 秒时，主发动机按计划减低到预定功率的 65%，以免航天飞机穿过高空湍流区时由于外壳过热而使飞机解体。这时，一切正常，航速已达每秒 677 米，高度已达 8000 米，52 秒时，地面指挥中心通知指令长斯科比将发动机恢复全速。59 秒时，高度 10000 米，航天飞机接近音障，遇上极大的空

挑战者号遇难

气压力，主发动机已加速到 104%，火箭助推器已燃烧了将近 45 万公斤固体燃料。此时，地面控制中心和航天飞机上的电子计算机荧光屏幕上显示的各种数据都未见任何异常。65 秒时斯科比向地面报告："主发动机已加大"，这是地面测控中心收听到的斯科比的最后一句报告词。但航天飞机飞到 73 秒时，空中突然传来一声闷响，只见价值 12 亿美元的挑战者号顷刻之间爆裂成一团桔红色火球，碎片拖着火焰和白烟四散飘飞，坠落到大西洋。7 名机组人员全部遇难，造成了世界航天史上最大的惨剧。这是美国进行 25 次载人航天飞行中首次发生在空中的大灾难。"挑战者"号的爆炸，使美国举国震惊，华盛顿和其他各地均下半旗志哀。当时的中华人民共和国主席李先念于第二天打电报给美国总统里根，对美国航天飞机内 7 名宇航员不幸遇难表示哀悼。

　　人类生活的地球，被厚度约 160 公里的大气层包围着。在大气层内的飞行，称为航空；飞出大气层以外称为航天。世界上掌握载人航天技术的国家很少，当时已经研制成功航天飞机并投入使用的，仅有美国一家。

　　美国的航天飞机除"挑战者"号以外，还有"哥伦比亚"号、"发现"号和"阿特兰蒂斯"号。它们已从试验性飞行向实用方面发展。一些科学家

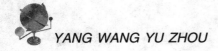
利用太空中的特殊条件，进行了各种各样的试验和研究。"挑战者"号7名遇难的宇航员中，有一名叫麦考利夫的女教师，她准备在"挑战者"号进入第四天飞行时，在太空向地面的学生讲两堂课，每堂15分钟，以此标志航天飞机走向更为实用的阶段。不幸由于这次意外事故而使空中课堂的计划未能实现，麦考利夫作为一名教师以身殉职。在美国新罕布什尔州的康科德中学，当学生们从电视上看到"挑战者"号载着他们的老师飞向太空时，兴奋得欢呼起来。然而不久，面对"挑战者"号突然爆炸的画面，学生们不禁目瞪口呆，继而失声痛哭。

在科学探索的道路上，牺牲是不可避免的。在"挑战者"号爆炸之前，苏联和美国的宇航员都曾由于意外事故而牺牲，但这并没有影响人类探索太空的行动。人类向未知的太空的探索、前进的步伐是永远不会停止的。

宇宙飞船也称太空飞船，它和航天飞机都是往返于地球和在轨道上运行的航天器（如空间站）之间，承担运输和实验任务的航天器，是人顺利进入太空的桥梁。航天飞机可以多次重复使用，但造价昂贵；太空飞船则只能用一次，但造价较低。目前美国使用的是航天飞机，苏联使用的则是太空飞船。

巴赫

1962年，美国发射了一艘飞往金星的"航行者一号"太空飞船。根据预测，飞船起飞44分钟后，9800个太阳能装置会自动开始工作，80天后电脑完成对航行的矫正工作；100天后，飞船就可以环绕金星航行，开始拍照。然而，出人意料的是，飞船起飞不到四分钟，就一头栽进大西洋里。后来经过详细调查，发现在把资料输入电脑时，有一个数据前面的负号给漏掉了，这样，原来的负数变成了正数，使整个飞船的计划就失败了。一个小小的负号，使美国航天局白

白耗费了 1000 万美元、大量的人力和时间。

1977 年 8 月 20 日，美国又向太空发射了一艘名为"航行者一号"的太空飞船，它将开始对茫茫宇宙进行长时间的探索。飞船上除各种精密的仪器外，还携带了一张即便是十亿年后仍然会铮亮如新的喷金铜。唱片音乐是一种国际语言，也是一种无需翻译的"世界语"。随着音乐的功能的扩展，它已成为一种"宇宙语"。科学家们为了探讨宇宙

贝多芬

的秘密，便让音乐承担了地球人同外星人沟通的光荣任务。

这张唱片的七段来自地球各民族、各时期的音乐：巴赫的第二号《勃兰登堡协奏曲》第一乐章；贝多芬的《B 大调弦乐四重奏》；查克·贝里的摇滚乐《约翰·尼古迪》；非洲最古老的音乐《新几内亚人的住屋》、《秘鲁妇女婚礼歌》；约翰森的吉他曲《茫茫黑夜》，还有中国古琴家管平湖演奏的《流水》一曲也作为中国古典音乐的代表作，选入了太空探测器里的唱片中，它们带去了地球人类对外星人的问候！

且不说这些音乐能否代表地球上人类的声音，能选择中国的古琴曲《流水》就是非常有意义的。《流水》是中国一支古老的琴曲。有人说《流水》是在公元前三世纪出现的，也有人说它出现在魏晋以前，众说纷纭。《流水》的最早传谱是见于明朝王子朱权的《神奇秘谱》中。朱权曾解释说："《高山》、《流水》二曲本只一曲，至唐分为两曲，不分段数，至宋分《高山》为四段，《流水》为八段。"后来，"高山流水"传出了"伯牙善鼓琴，钟子期善听。伯牙所念，子期心明"这样一个美丽的故事。"高山流水"的故事充分说明了音乐可不必借助语言的解说，便能鲜明生动地表达人的思想感情。科学家选择这一《流水》乐曲的意义也在于此吧。但愿科学家选择这首意境深邃的古典乐曲，能在浩渺无垠的太空为人类找到天外的"知音"。

宇宙中最寒冷的地方

2003 年 2 月 20 日，天文学家公布了一个新发现的气体云团——被认为是宇宙中最寒冷地方的首张照片。位于离开地球 5000 光年的布梅兰格星云是在 1979 年由瑞典和美国天文学家利用架设在智利的巨大望远镜发现的，它在 1980 年取名为"布梅兰格"，是因为它看上去像加长的变成弯形的飞去来器（布梅兰格是英文飞去来器的音译）。

天文学家也称该星云为"宇宙冰箱"，布梅兰格星云的温度为 -272℃，仅比绝对零度（-273.15℃）高 1 度左右。确实，在地球实验室中已成功获得更低的温度，但是在自然界从未发现过如此低的温度。

布梅兰格星云照片是美国宇航局和欧洲航天局发射升空的"哈勃"太空

宇宙中最寒冷的地方

望远镜拍摄的，这些照片为美国宇航局和欧洲航天局共同拥有。去年美国哥伦比亚号航天飞机为"哈勃"安装了新型改进镜头，使照片的分辨率提高了10倍。特别是，改进后的"哈勃"拍摄了离开我们地球4.2亿光年两银河的碰撞照片，使天文学家能观察到位于所谓"朦胧区域"即银河形成初期的个别银河。

欧洲航天局代表声称，"即使是大爆炸之后形成的－270℃温度也比布梅兰格星云温度要高，这是迄今为止在自然界中发现的惟一天体，其温度比大爆炸后保留的辐射背景温度更低。"现已查明，布梅兰格星云气体在吸收微波背景辐射——大爆炸后留下的残余辐射，这一过程只会在气体温度冷却到－270℃以下时才会发生，这在自然界中任何地方都从未观察到过。

布梅兰格星云是一气体和尘埃云团，云团是从一颗正在死亡的恒星中以大于150公里/秒的速度喷溅出来的，这导致布梅兰格星云急剧变冷。最可能的是，该星云变冷是由于家用压缩致冷冰箱作用原理所致，即由于气体快速膨胀的结果。不排除这样的可能性，即该星云局部冷却可能存在暂时未发现的"黑洞"一类天体。简单地说，这种情况与儿童气球的效应相似，如果突然从气球中放出空气，则气球会马上变冷。

最早被计算出来的行星

　　海王星是人们从"笔尖上发现的行星"。海王星的半径是 24700 公里，质量为地球的 17.2 倍，密度为 1.6 克/立方厘米。它与太阳的距离约为 45 亿公里，公转周期 164.8 年，自转周期 17.8 小时。海王星也有浓密的大气，主要由氢、氦构成，另外还有甲烷和氨。海王星的表面温度为 56K，甲烷和氨大都成为固态。从海王星接受到的太阳能量来计算，它表面的温度应为 46K 这和实际测量值有差距，可能是它的表面温度尚未达到平衡，还在继续冷却过程中。

　　海王星是否有光环的问题曾数经周折，直到 1989 年 8 月旅行者 2 号宇宙飞船飞临它时，才最后肯定它有 5 道环。既然木星、土星、天王星、海王星各个都有环，那么它们的形成和演化肯定会有共同点。研究环系的形成对了解太阳系的形成和演化会有重要的价值。

　　海王星有 8 颗卫星，其中最大的卫星比月球还大，它的表面温度是已知的太阳系诸星体中最低的，只有 38K。红外观测发现它也有大气层，已探测到有甲烷成分。

海王星

　　海王星的发现使哥白尼学说和牛顿力学得到了最好的证明，也成为科学史上的一段佳话。自从波兰天文学家哥白尼提出了日心学说后，自然科学从神学的束缚中解放出来，到 17 世纪初德国天文学家开普勒总结出行星运动定律，1687 年牛顿的万有引力发现，在天文学科中诞生了一个崭新的天文学分支——天体力学。到了 19 世纪初天文学家已经能够准确地预报行星在任何时刻的位

置。但许多天文学家都不敢来吃寻找天王星外行星这个"螃蟹"。然而，时代提出的迫切问题是不会无人问津的，两位年轻人不约而同奋起应战了，他们勇于探索的精神和高超的科学知识，依据天文观测资料来寻求使天王星在运动上造成"偏差"的一颗行星。

在 1841 年 7 月，英国剑桥大学的一位 22 岁的大学生，亚当斯在阅读格林尼治天文台台长艾里报告后，他勇敢地承担起这项艰

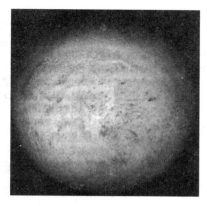

海王星

巨的任务，他就着手对这颗天外行星轨道和距离进行反复思考和计算。在 1843 年末才 24 岁的他就计算出这个未知大行星的初步结果。到 1845 年，26 岁的亚当斯就研究推算出该假设行星的轨道，质量和当时的位置。10 月 21 日他把计算的结果寄给了英国格林尼治天文台台长艾里，请求他用天文台的大型望远镜来观测这颗行星。不料，这位台长没有认真地对待青年天文学家的计算结果，不假思索地把亚当斯的计算结果束之高阁。到了 1846 年 6 月他收到了勒威耶发表的论文副本时，他才发现勒威耶的结果几乎与亚当斯的结果完全一致，他立即请剑桥天文台查理天文学家用望远镜搜索这颗行星，偏偏这位天文学家还对亚当斯的计算结果将信将疑，使这位天文学家奋斗多年的成果擦身而过。

法国天文学家勒威耶比亚当斯年长 8 岁，于 1846 年 8 月 31 日写出了一份标题是"论使天王星运行失常的那颗行星，它的质量，轨道和现在所处的位置结论性意见"。柏林天文台年轻的天文学家伽勒和他的助手根据勒威耶计算出来的新行星的位置，把望远镜指向了黄经 326 度宝瓶星座的一个天区，只用了 30 分钟就发现了一颗在星图上没有标出的 8 等星，为人类探索天外行星中找到了第八颗新的行星——海王星。后来通过天文学家们观测都证实了这颗行星的存在。

人类在探索宇宙中，有的成功，有的失去了机遇。海王星的发现，英法两国为此发现的荣誉归属问题展开了争论，但亚当斯和勒威耶两人则处之泰然，该荣誉应当由亚当斯和勒威耶两人共享。

最早发现天王星的人

　　天王星是第二个具有光环的行星，在望远镜里天王星呈现出小小的淡绿色圆面，在赤道区域有几条明暗相间的条纹。天王星的赤道直径约为51800公里，为地球的3.8倍。天王星的密度很小，只有水的1.24倍。天王星的质量是地球的15倍。表面温度非常低，大约有－210℃。天王星到太阳的平均距离为28.8亿万公里，公转周期为84年，自转周期为24小时左右。天王星的形状和木星、土星一样，非常扁。天王星也是气质性行星天王星大气中，几乎所有的氨都已冻结，而甲烷则占有优势地位。天王星有一个特别的地方，就是它在围绕太阳公转时，自转轴几乎就在公转轨道面上，所以，看上去它好像是躺在那儿公转。因此，在天王星上一年四季变化得很大，几乎整个行星表面都有被太阳直射的机会。只是每季特别长，大约要20年。天王星的光环，其环带分成16个环，均为封闭环，主要由冰、铁物质组成。光环里的气体物质极其稀薄。天王星有5个卫星，它们的直径分别从321公里到2896公里之间，它们与天王星的距离从122300公里到585774公里。当天王星的某一极对着我们时，我们可以看到这些卫星在近似圆形的轨道上运转。

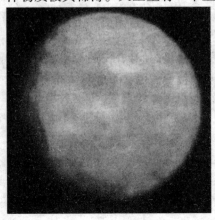

天王星

　　最早最早发现天王星的人是英国的天文学家威廉·赫歇耳，在这以前，人们只认识水星、金星、火星、木星、土星五大行星，因为这五颗行星都可以用肉眼观察到。

德意志诞生的英国天文学家威廉·赫歇尔出生于汉诺威，他最初是一个音乐家。17岁时来到英国，当宫廷歌会的双簧管吹奏者。他一方面以音乐维持生活，另一方面他刻苦努力学习数学和物理。

1774年，在他36岁的时候，亲自制造成功一台反射望远镜。他一生中制造了400多台望远镜，口径最大的有125厘米。在1781年3月13日，这是一个很平常的日子，晴朗而略带寒意的夜晚，跟往常一样，他在其妹妹加罗琳的陪同下，用自己制造的口径

赫歇耳

为16厘米、焦距为213厘米反射望远镜，对着夜空热心地进行巡天观测。当他把望远镜指向双子座时，他发现有一颗很奇妙的星星，乍一看像是一颗恒星，一闪一闪地发光，引起了他的怀疑。第二天晚上，他又继续观测。原来这颗星还在移动，尽管这颗星没有朦胧的彗发，也没有彗尾，肯定不是一颗恒星。但他以"关于一颗彗星的探讨"为题提出报告。

经过一段时间的观测和计算之后，这颗一直被看作是"彗星"的新天体，实际上是一颗在土星轨道外面的大行星，一下子太阳系的范围被扩大了整整一倍之多。天王星离太阳系约28亿8千多公里，而土星离太阳系约14亿公里。天王星的发现使赫歇尔闻名于世，并被英王任命为皇家天文学家。此后，他致立于天文学，一生中作出过许多贡献。

天王星被发现以后，立即成为天文学家们的重要观测对象，都想目睹这颗大行星的真面目，这是理所当然的。在人们观测和计算中，发现天王星理论计算位置与实际观测位置总有误差。法国天文学家布瓦尔受法国经度局的委托，计算了3颗最大和最远的行星，木星、土星和天王星的位置。对于木星和土星，计算结果与实际观测十分相符，惟独对于当时所知的最远天王星的结果总是不能令人满意。与1821年计算结果相隔不到10年，1830年就发

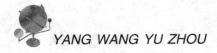

现了计算的位置与观测的结果，两者之间的差异达 20″。到了 1845 年，这个误差值便超过 2′，即在 15 年间扩大了 6 倍！这么大的误差对于天文学家是无法容忍的。而且这个误差随着时间在一个劲地增大。人们由此得出结论，在计算天王星的位置时，一定还有某种未知因素没有考虑进去。这个因素是什么呢？一种比较被人们容易接受的想法是：在土星的轨道外面找到了天王星，为什么不能设想在天王星轨道外面还存在着一颗尚未露面的大行星呢？也许正是它对天王星的吸引力在影响着天王星的运行呢。但这颗星是怎样的未知大行星呢？离天王星有多远，质量有多大，运行的轨道又如何？等等，答案可以有无数个。问题难就难在一时无法在广阔宇宙中寻找，只有通过古怪的天王星的运动来推测这颗未知行星的运行轨道。

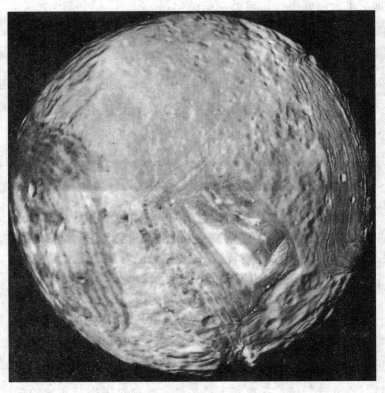

天王星

最早提出"量子宇宙论"的人

最早提出"量子宇宙论"的人是霍金。霍金1942年1月8日出生于英国的牛津,这是一个特殊的日子,现代科学的奠基人伽利略正是逝世于300年前的同一天。

霍金在牛津大学毕业后即到剑桥大学读研究生,这时他被诊断患了"卢伽雷病",不久,就完全瘫痪了。1985年,霍金又因肺炎进行了穿气管手术,此后,他完全不能说话,依靠安装在轮椅上的一个小对话机和语言合成器与人进行交谈;看书必须依赖一种翻书页的机器,读文献时需要请人将每一页都摊在大桌子上,然后他驱动轮椅如蚕吃桑叶般地逐页阅读。

霍金正是在这种一般人难以置信的艰难中,成为世界公认的引力物理科学巨人。霍金在剑桥大学任牛顿曾担任过的卢卡逊数学讲座教授之职,他的黑洞蒸发理论和量子宇宙论不仅震动了自然科学界,并且对哲学和宗教也有深远影响。

从宇宙大爆炸的奇点到黑洞辐射机制,霍金对量子宇宙论的发展作出了杰出的贡献。他的目标是解决从牛顿以来一直困扰人类的"第一推力"问题。他的宇宙模型是一个封闭的无边界的有限的四维时空——不需要上帝的第一推力,宇宙的演化完全取决于物理定律。

耐人寻味的是,霍金的宇宙论事实上使上帝没有存身之处,但梵蒂冈教廷仍对他表示了敬意。在承认了对伽利略审判的错误之后,教廷科学院又选举霍金为该院院士。世俗的偏见和神学的权威,都不能阻挡科学的透射力。

霍金坚信,关于宇宙的起源和命运的基本思想可以不用数学来陈述,而且没有受过专业训练的人也能理解。他曾在通俗演讲里,生动地向听众解释

霍金

"利用光速，从'黑洞'进去，从'白洞'到宇宙另一区域去作时空旅行"的设计，是有趣的科学幻想，而现实却是难以做到的简明道理。经过数年的辛勤写作和修改，于 1988 年 4 月正式出版宇宙论科普著作《时间简史》。书中引导读者邀游外层空间奇异领域，对遥远星系、黑洞、夸克、大统一理论、"带味"粒子和"自旋"的粒子、反物质、"时间箭头"等进行探索。《时间简史》，已用 33 种文字发行了 550 万册，如今在西方，自称受过教育的人若没有读过这本书，会被人看不起。

医生曾诊断身患绝症的霍金只能活两年，他之所以能支持到今天并取得卓越成就，最主要的是他具有强烈的使命感和极其坚强的意志。霍金的一生，是人类意志力的记录，是科学精神创造的奇迹。

在他的理论中，宇宙的诞生是从一个欧氏空间向洛氏时空的量子转变，这就实现了宇宙的无中生有的思想。这个欧氏空间是一个四维球。在四维球转变成洛氏时空的最初阶段，时空是可由德西特度规来近似描述的暴涨阶段。然后膨胀减缓，再接着由大爆炸模型来描写。这个宇宙模型中空间是有限的，但没有边界，被称作封闭的宇宙模型。

黑洞示意图

从霍金提出这个理论之后，几乎所有的量子宇宙学研究都是围绕着这个模型展开。这是因为它的理论框架只对封闭宇宙有效。

如果人们不特意对空间引入人为的拓扑结构，则宇宙空间究竟是有限无界的封闭型，还是无限无界的开放型，取决于当今宇宙中的物质密度产

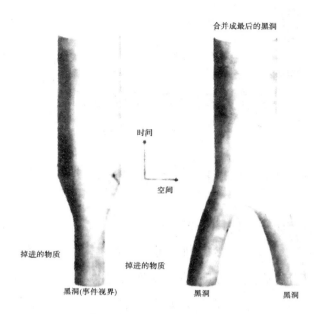

合并成最后的黑洞

时间

空间

掉进的物质

掉进的物质

黑洞(事件视界)

黑洞

黑洞

霍金在人民大会堂准备演讲

生的引力是否足以使宇宙的现有膨胀减缓，以至于使宇宙停止膨胀，最后再收缩回去。这是关系到宇宙是否会重新坍缩或者无限膨胀下去的生死攸关的问题。

可惜迄今的天文观测，包括可见的物质以及由星系动力学推断的不可见物质，其密度总和仍然不及使宇宙停止膨胀的 1/10。不管将来进一步的努力是否能观测到更多的物质，无限膨胀下去的开放宇宙的可能性仍然呈现在人们面前。

可以想象，许多人曾尝试将霍金的封闭宇宙的量子论推广到开放的情形，但始终未能成功。今年 2 月 5 日，霍金及图鲁克在他们的新论文"没有假真空的开放暴涨"中才部分实现了这个愿望。他仍然利用四维球的欧氏空间，由于四维球具有最高的对称性，在进行解析开拓时，也可以得到以开放的三维双曲面为空间截面的宇宙。这个三维双曲面空间遵循爱因斯坦方程继续演化下去，宇宙就不会重新收缩，这样的演化是一种有始无终的过程。

世界上最早的彗星运行图

南京博物院珍藏的两块盱眙木块星相图是我国也是世界上发现最早的彗星运行图。

彗星，通常也叫扫帚星，古代称妖星，是绕太阳运行的天体。它形状很特别，远离太阳时，是一个发光的云雾状的小斑点；接近太阳时，由彗核、彗发、彗尾三部分组成。中间近乎圆形透明发光的部分是"彗核"，彗核周围的雾状物是"彗发"。由于太阳风和太阳辐射的压力，彗发的气体和尘埃被推开，向一个方向延伸，形成"彗尾"。宇宙中彗星很多，但肉眼能见到的彗星却很少。因此，在古代，除日食、月食以外，最令人惊异的天象就是彗星的出现。彗星的出现，往往被人们视作不祥之兆，认为它会给人类带来各种各样灾难。所以，古代中国人常常把彗星和灾异一起记录下来。

彗星

1974 年 8 月在江苏盱眙县的东阳古城址东南约 200 米处的一座西汉古墓出土了木刻星象图。该图共有两块，纵向模置棺盖上。一块长 188 厘米，宽 45.3 厘米，厚 3.5 厘米。左方刻圆日与金乌，金乌的头尾在圆日的两边，上首和右首分布 9 个小日，左上一人捷奔，类似"羿射九日"。右方刻有圆月，月中有蟾蜍角排列，日月之间有三条鱼形图案。另一块长 188 厘米，宽 28.2 厘米，厚 3 厘米。主体是两条带翼的飞龙。左方排列三颗三角形的星辰，以线条连接；右方亦有高低参差的三颗星辰。其中一个人前面有一个头部尖锐、尾部散开，形状像扫帚的东西。特别引人注目的是，该图上彗星的尾部被月球遮掩一部分，这说明当时天文学家已经认识到彗星比月亮距离地球更为遥远。

据南京博物院考古人员考证，上述星象图与汉元帝初元五年（公元前 44 年）一颗彗星纪录大至吻合，从而断定其为彗星运行图，运行轨迹由东向西。在这以前，人们一直认为认公元 66 年的耶路撒冷彗星图是最早的彗星运行图，而盱眙东阳出土的星相图比它还早 110 年。该图被定名为"盱眙星象图"，属国家一级出土文物，现藏南京博物院。

最早记录哈雷彗星的国家

　　中国是个文明古国，有着宝贵的文化及历史。在她丰富的历史财产中，保存了大量珍贵的天象记录，这些记录之早、之多及详尽，均为世界各国科学家所公认。

　　法国的陀维利教授曾指出，中国现存最早的彗星记录是写于公元前2316年。而在1978年以前，中外天文学家都同意中国有关哈雷彗星的最早记载见于《春秋》："（鲁文公十四年）秋七月有星孛于北斗。"即公元前613年中国便出现了有关哈雷彗星的记录。但近年有人于论文中指出，此记载与计算中哈雷彗星过近的时刻相差两年，为过这两年误差是否由非引力效应或其他因素干扰而产生，则尚需进一步研究及考证。

　　而成功预测哈雷彗星于1910年回归的两位天文学家考威耳及克伦麦令，他们借助中国古籍《马氏文虞通考》所载："秦始皇七年，彗星先出东方，见北方；五月，见西方，十六日是。"并利用他们的计算技术，认为这是哈雷彗星于公元前240年的一次记录。克伦麦令更指出中国古籍《史记·六国年表》载有"秦厉共公十年（即周贞王二年），彗星见。"为哈雷彗星于公元前467年的出现记录。

《春秋》

中国天文学家张钰哲更把中国记载哈雷彗星的记录年份推得更早。他在1978年6月所写的论文：《哈雷彗星的轨道演变的趋势和它在古代历史》中指出，中国有关哈雷彗星的最早一次记录见于《淮南子·兵略训》，载有："武伐纣东面而迎岁，至汜而水，至共头而坠。彗星出而授殷人其柄。"意即谓：武王伐纣的时候，向东面迎的木星进军，到汜这个地方时下了雨，到共头的地方时发生了山崩，这时有彗星出现，头在东而尾指西，像以扫帚之柄给与殷

哈雷彗星

人（纣王），以扫除西方前来的军队。若这次记载的彗星真的是哈雷彗星，这便是它在公元前1057年的出现；是过去发表的文章中最早的一个记录。张钰哲更指出，他的出现不但把中国有关哈雷彗星最早记录的年代大大推进，还为中国历史上的"年代学"，提供一套新的印证方法去订写一些悬而未决的年代问题。过去只知武王伐纣建立西周300年的历史中，13个帝王当政的准确年份则无从稽考。今次借用古籍记载有关哈雷彗星出现的资料，便可确定武王伐纣的时刻为公元前1057年，并可以把西周三百年的年代逐渐弄清楚。这就是天文学家与考古、历史学相互印证的最佳实例。

事实上，由于年代越早的记录，其资料愈不详细，对于计算和考证都有很大的困难。不过中国是世界上最早记录哈雷彗星资料的少数国家之一，这点是毋庸置疑的。

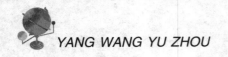
最早的日食记录

公元前 13 世纪，居住在我国河南省安阳的人们，正在从事着各种各样的正常活动，可是一件惊人的事情发生了。人们仰望天空，只见光芒四射的太阳，突然间发生缺口，光色也暗淡下来。但是，在缺了很大一部分之后，却又开始复圆了。这就是人类历史上关于日食的最早的一次可靠记录，它刻在一片甲骨上。

甲骨文《殷契佚存》第 347 片记载："癸酉贞：日夕有食，佳若？癸酉贞：日夕有食，非若？"

意思是说："癸酉日占。黄昏有日食是吉利的吗？癸酉日占，黄昏有日食是凶险的吗？"这次日食，发生在公元前 1200 年左右，是世界公认的最早日食记录。

日食

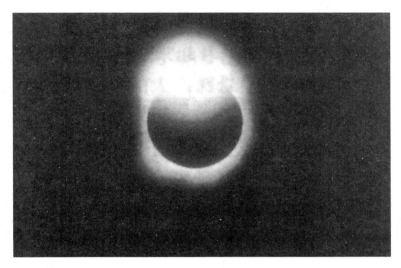

日食

我国古代对日食的观察，保持了记录的连续性。例如在《春秋》这本编年史中就记载了由公元前 770 年——公元前 476 年的 244 年中的 37 次日食。从公元 3 世纪开始对于日食的记录，更是一直继续到近代，长达一千六七百年之久。

对于日食的成因和周期性，我国古代科学家也作了不少研究，并早就有了比较深刻的认识。如成书于公元前 100 年左右的《史记》已经有了交食周期的记载。到西汉末年，刘歆又总结出一种周期，即 135 月有 23 次日食。对交食的正确认识和交食周期的发现，对于预报日（月）食有重要意义。我国古代在日（月）食预报方面有较高的水平，日（月）食预报历来是我国历法的一项重要内容。大约从公元 3 世纪起我国就能预报日食初亏和复圆的方向，到了唐代对于交食的预报已经比较完全。

我国古代通过对日食和月食的研究，形成了一套独特的方法和理论，提出了很好的数据，能准确地预报日（月）食，这也是我国天文学上的一项重要成就。

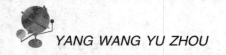

最早的太阳黑子记录

太阳表面的活动现象非常复杂，也相当丰富多彩，其中最引人注目的有太阳黑子、日珥和耀斑爆发。太阳黑子是人们最早发现也是人们最熟悉的一种太阳表面活动。

明亮的太阳光球表面，经常出现一些小黑点，这就是太阳黑子。我国的古书中有许多关于太阳黑子的记载，早在殷商甲骨文就有于太阳黑子有关的记载，在战国时期及汉代也有不少太阳黑子有关的记载，目前公认的世界上最早的太阳黑子记载是《汉书·卷二十·五行志下》之下："和平元年……三月乙未，日出黄，有黑气大如钱，居日中央。"和平元年是公元 28 年。我国古代非但有公认的最早的黑子记录，而且数量很多，记录很详细。从汉和平元年到明末为止，共有一百多次太阳黑子的记录，这些记录既有准确的日期，又有黑子形状、大小、位置甚至变化的情况。对太阳黑子的活动及其对地球的影响的研究提供了十分宝贵的资料。在西方，直到1611 年，伽利略才使用望远镜确认了太阳黑子的存在。

太阳黑子其实并不黑，只不过由于它比周围的温度低，看起来显得黑些罢了。黑子的大小相差悬殊，大的直径可

太阳黑子

达20万公里，比地球的直径还要大得多；小的直径只有1000公里。黑子的寿命也很不相同，最短的小黑子寿命只有两三个小时，最长的大黑子寿命大约有几十天。

日珥是发生在太阳色球层的一种活动现象。日全食的时候，可以看到在"黑太阳"的周围有一个红色的光环，那就是太阳的色球层。色球层上时常会窜出一束束很高的火柱，这些火柱就叫做日珥。日珥绰约多姿，变化万千，有的像圆环，有的似彩虹，十分美丽壮观。

最早记载的太阳黑子

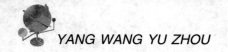

最大的射电望远镜

  射电天文学诞生于上世纪 30 年代。与以接收可见光进行工作的光学望远镜不同，射电望远镜是靠接收天体发出的无线电波（天文学上称为"射电辐射"）来工作的。由于无线电波可穿透宇宙中大量存在而光波又无法通过的星际尘埃介质，因而射电望远镜可以透过星际尘埃观测更遥远的未知宇宙和对我们已知的星际世界做更深入的了解。同时，由于无线电波不太会受光照和气候的影响，射电望远镜几乎可以全天候、不间断地工作。本世纪天文学中著名的四大发现，都是利用射电望远镜发现的，诺贝尔奖历史上明确定名为天文学奖的 7 个奖项中，有 5 项都是基于射电望远镜的观测成果。射电天文学已成为诺贝尔奖的摇篮。

  众所周知，望远镜口径越大，观测得越遥远。因此，制造更大的望远镜就成为天文学界的执著追求。直径 305 米的美国阿雷西堡望远镜是目前世界上最大的固定式射电望远镜；最大的全可动射电望远镜是 30 年前德国建成的 100 米口径射电望远镜和不久前美国西弗吉尼亚州建成的探测面为 110×100 米的射电望远镜。这几乎已成为大型射电望远镜的工程极限。

专家在北京召开会议

中国将在贵州省建造世界最大的射电天文望远镜，这个世界最大射电望远镜的正式名称是：500 米口径球面射电望远镜（简称 FAST）。工程示意图看上去像是一幅绘画作品：蓝天白云下面，整个工程的形状似一朵盛开的花，花瓣是贵州喀斯特地貌重叠

起伏的峰峦，花心是巨大深陷的洼地——FAST 将铺设在这片洼地中。

当公众得知这个大望远镜计划的时候，数十位中国科学家已经为此默默地艰苦工作了 7 年。1993 年，在日本京都召开的国际无线电科学联合会大会上，包括中国在内的 10 个国家的射电天文学家联合发起了建造接收面积为一平方公里

各国方案

的新一代大射电望远镜（LT）的倡议。该项目投资预算约为 10 亿美元。

LT 可预见的科学目标是多方向的，它将能够观察到 100 亿光年以外的氢元素是如何分布的，从而使天文学家分析出宇宙形成之初的情形，验证、完善已有的或建立新的宇宙构成理论；此外，在对邻近空间灾变事件的观测研究、深度空间通讯以及探索地外智慧生命等诸多方面，它都具有非常独特的作用。

这是一个令国际天文学界兴奋的国际科研计划。这个被称为地球"天眼"的特大望远镜实际上是一个望远镜阵列，因此它后来被简称为 SKA（The Square Kilometer Array）。这个阵列相当于 30 个口径 200 米的望远镜的组合。它们将绵延分布在几百以至上千公里土地上，而其主阵则需要集中分布在 50 公里区域内。此项工程投资巨大、技术复杂，没有广泛的国际合作就难以实现。为此，京都大会上成立了 LT 工作组，每年召开两次国际会议，协调相关研究与发展情况。

要实现 SKA 计划，可以通过不同的技术路线。京都大会后，各国纷纷投入到各自的总体设计、工程预研究、选址、资金筹措等繁杂的工作中。显然，各国科学家都希望自己的技术方案能够被最终采纳，并将整个计划引入到自己的国家中。

中国有 22 个高等院校和科研院所共约 70 多位科学家参与了中国方案的

设计研究。1995 年，国际大射电望远镜中国推进委员会成立，研究进程加快。贵州的喀斯特洼地，FAST 将铺设在这样的洼地中。利用贵州省南部熔岩洼地建造 500 米孔径球面射电望远镜，即 FAST 计划，就是中国选择的技术路线。这样一个射电望远镜的直径为 500 米，将由 2000 块 15 米见方的反射板拼成，其外形与锅式卫星天线相似，面积则相当于 25 个足球场那么大，预算约 6 亿元人民币。与直径 305 米的世界现有最大固定式射电望远镜相比，它的可观测天空范围扩大了 4 倍，灵敏度提高了 2.3 倍，将当之无愧地成为世界上最大的天文望远镜。

目前，该工程计划中的"主动球反射面技术"和"光机电一体化馈源支撑系统"这两个关键技术已经取得突破性进展。其中主动球反射面技术的缩小尺寸模型已经完成。这项技术是把望远镜的球形反射面分割成两千个金属小块，每个小金属块下面都有促动器支撑，在空间位置形成瞬时抛物面，使望远镜可主动跟踪目标。

馈源支撑系统的设计与实验也已接近完成。同类型的望远镜在国外采用固定平台支撑，而这样的平台自重大，造价也很高。中国科学家目前正在研究采用光、机、电一体化的设计，使支撑平台的重量比传统工艺制造的平台减轻几百倍。同时，FAST 将比现有世界全可动射电望远镜的灵敏度提高近一个数量级，成为新一代射电望远镜。

最古老的天文钟

世界上最古老的天文钟，是福建同安人苏颂组织韩公廉等人于北宋元祐年间（1088—1090年）建造的水运仪象台。

苏颂，字子容，生于宋真宗天禧四年（1020年），泉州南宁（今福建省泉州一带）人，后来迁居润州丹阳（今江苏省镇江一带）。苏颂在领导建造水运仪象台的过程中，不仅表现出是一个学识渊博的科学家，同时又是一个卓越的科学活动的组织者。他首先推荐起用了有真才实学的吏部令史韩公廉，又组织当时太史局的一些年轻的生员、学生共同合作。苏颂等人在设计制造新仪器过程中，认真吸收各家之长，加以创新。

水运仪象台是一座底是正方形、下宽上窄略有收分的木结构建筑，高大约12米，底宽大约7米，共分3大层。它是11世纪末我国杰出的天文仪器，也是世界上最古老的天文钟，国际上对它给予了高度的评价。它的主要贡献是：第一，为了观测上的方便，它的屋顶做成活动的，这是今天天文台圆顶的祖先；第二，浑象一昼夜自转一圈，不仅形象地演示了天象的变化，也是现代天文台的跟踪机械——转仪钟的祖先；第三，苏颂和韩公廉创造的擒纵器，是后世钟表的关键部件，因此，它又是钟表的祖先。

除了创制了水运仪象台，苏颂还编写了

水运仪象台

水运仪象台

苏颂

《新仪象法要》一书。全书分三卷，分别详细介绍了浑仪、浑象和水运仪象台的设计和制作情况。尤其重要的是，这部书还附有这三种天文仪器的全图、分图、详图60多幅，图中绘有机械零件150多种。这是一套我国现存最早的十分珍贵的机械设计图纸。

水运仪象台的"水运"两个字指的是它利用水作为动力来运转整座天文观测设备。中国的天文学家及观天者认为"天是不停运行的"，也就是大自然是不停地运息。因此，一种很稳定且有规律可配合地球自转的跟踪装置，就用水来当做运转的力量。

水运仪象台的"仪"字指的是浑仪。中国人向来崇尚天人合一，是一个热爱大自然的民族，对于大自然进行了解的方式首先就是观看天象，而利用坐标技术、观测技术的观测工具皆统称为"仪"。水运仪象台的"象"字指的是浑象。苏颂在设计水运仪象台之前就已经设计了浑象。浑象外面的球体形状为星图，模拟星空的运行，而人们则坐在浑象里面进行星象观测。现代天文台的基本配备需有观测、仿真星象及计时的功能。因此，水运仪象台可称得上是现代天文台的鼻祖。

分析水运仪象台的结构，苏颂的水运仪象台可以说是一座自动化的天文台，全部结构可以分成三层，上层是浑仪，中层是浑象，下层则是计时系统与动力系统，它利用水力来带动报时系统、浑仪及浑象这三样东西，使它们能均匀转动。报时系统并且设计利用人偶来敲击出不同的音响，可以定时报出时间，而且还用举牌的木人来显示时刻。

1957年，中国科学院和文化部文物局指定王振铎组织复制工作。1958年6月，水仪象台模型制造成功。这座世界上最古老的天文钟，现存于中国国家博物馆内。

苏颂等人创制的天文钟，为我国科学技术领域中赢得了三项世界第一，堪称世界科技史上的壮举。英国著名科学家李约瑟在他的《中国科学技术史》中，多次提到苏颂的水运仪象台，给了它很高的评价和赞誉。

世界最早的观象台

陶寺文化遗址被国家文物部门定为国家级的重大考古发现——世界上最早的观象台。

陶寺文化遗址位于山西襄汾县城东北七八公里、崇山西麓的陶寺、中梁、宋村、东坡沟和沟西等村之间。东西长有 2000 米，南北宽 1500 米，总面积 300 万平方米，是个超大型遗址。遗址最早是在 20 世纪 50 年代进行文物普查时发现的。1978 年至 1987 年，由中国社会科学院考古研究所山西工作队对该遗址进行全面系统的发掘考查，曾发掘出普通居住址和早期大贵族墓地，从而确定了陶寺文化。1999 年至 2001 年间，在陶寺发现了陶寺文化中期城址（约公元前 2100 年 ~ 前 2000 年），总面积约为 280 万平方米，城址北、东、南三面城墙已经确定，城址平面为圆角长方形。

通过不断的发掘，发现了该遗址早中期的宫殿区，还发现了中期王级贵族大墓。在中期小城祭祀区发现了可能具有观象授时功能的大型建筑，我们称之为"东坡沟"观象台。

陶寺文化遗址

现场发掘工地可见有三层夯土结构，形状为一座直径约 50 米的半圆形平台。台座顶部有一个半圆形观测台，以观测台为圆心，由西向东方向，呈扇状辐射着 13 个土坑。据考古人员介绍，这座平台原有 13 根夯土柱，古代人利用两柱之间来观测正东方向的塔儿山日出，并依

据日光影可以推测出一年的 12 个节气，经与现在农历时间比较、实地模拟观测后，节气时令精确度十分高。上层台基夯土柱缝的主要功能之一可能是观象授时，由此来指导农民及时耕种。从发掘现场的发现判断，这座平台还被当时的人们用于祭祀。

这座建筑是迄今发现的最大的陶寺文化单体建筑，面积约为 1400 平方米，建筑形状十分奇特，结构复杂，附属建筑设施多，可能因其集观测与祭祀功能于一体。建筑的规模及其气势，以及基坑处理的工程浩大，都令人叹为观止。

更重要的是如果上层台基夯土柱有观象授时功能，那么它将使我们得以管窥陶寺文化的天文学知识系统，则可证实《尚书·尧典》所谓"历象日月星辰，教授人时"的真实历史背景。可将观象授时的考古实证上推到距今 4100 年，这将对我国古代天文历法研究起到极大的推动作用。

这座观象台形成于约公元前 2100 年的原始社会末期，显然比目前世界上公认的英国巨石阵观测台（公元前 1680 年）还要早近 500 年。因此，陶寺城址中的这座观象台无疑是迄今发现的世界上最早的观象台。

最古老的星表

　　我国是天文学发展最早的国家之一。由于农业生产和制定历法的需要，我们的祖先很早开始观测天象，并用以定方位、定时间、定季节了。星表是把测量出的若干恒星的坐标（常常还连同其他特性）汇编而成的，是天文学上一种很重要的工具。我国古代曾经多次测编过星表，其中最早的一次是在战国时期。它的观测者叫石申，是魏国人。他的活动年代大约在公元前四世纪左右。

　　春秋战国时期，天文历法有了较广泛的发展和进步。司马迁在《史记·历书》中说："幽厉之后，周室微，陪臣执政，史不记时，君不告朔，故畴人子弟分散，或在诸夏，或在夷狄。""畴人"系指世代相传的天文历算家。当时各诸国出于各自农业生产和星占等的需要，都十分重视天文的观测记录和研究。据《晋书·天文志》载："鲁有梓慎，晋有卜偃，郑有裨灶，宋有子韦，齐有甘德，楚有唐昧，赵有尹皋，魏有石申夫，皆掌着天文，各论图验（各国的这些掌握天文的官员，根据天象的变化对统治者提出解释）。"这种百家并立的情况对天象的观测以及行星恒星知识的提高，无疑起着积极的推动作用。

　　在诸家之中，最著名的是甘德石申两家。他们属同一时期的人。甘德著有《天文星占》八卷，石申

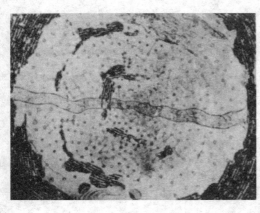

石氏星表

著《天文》八卷，后世又称为《甘氏星经》、《石氏星经》，合称《甘石星经》。

甘德勤于对天空中的恒星作长期细致的观测，他和石申等人都建立了各不相同的全天恒星区划命名系统。其方法是依法给出某星官的名称与星数，再指出该星官与另一星官的相对集团，从而对全天恒星的分布位置等予以定性的描述。

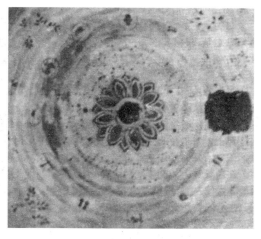

石刻星图

三国时陈卓总结甘德、石申和巫咸三家的星位图表，得到我国古代经典的 283 星官 1464 星的星官系统，其中属甘氏星官者 146 座（包括 28 星宿在内）。由此可见甘德在全天恒星区划命名方面的工作对后世产生的巨大影响。有迹象表明，甘德还曾对若干恒星的位置进行过定量的测量，可惜其成果后来大多散佚了。

在西方，古希腊天文学家依巴谷，约在公元前 2 世纪编制过星表，在他之前还有阿里斯提尔和提莫恰里斯也编制过星表，但都不早于公元前 3 世纪。可见，甘德和石申夫的星表是世界最古老的星表之一。

星表是记载天体各种参数（位置、自行、视向速度、星等、光谱型、视差等）的表册。通过天文观测编制星表是天文学中最早开展的工作之一。公元前 4 世纪，中国战国时代天文学家石申所编的《石氏星经》，载有 121 颗恒星的位置。这是世界上最古老的星表。这部书已经在宋代以后失传，今天我们只能从一部唐代的天文学书籍《开元占经》里见到《石氏星经》的一些片断摘录。从这些片断中我们可以辑录出一份石氏星表来。其中有二十八宿距星（每一宿中取作定位置的标志星叫做这一宿的距星）和其他一些恒星，共 115 颗的赤道坐标位置。石氏星表的赤道坐标有两种表达方式。一种是二十八宿距星的，叫做距度和去极度。距度就是本宿距星和下宿距星之间的赤经差；

去极度就是距星赤纬的余角。还有一种是二十八宿之外的其他星，叫做入宿度和去极度。所谓入宿度就是这颗星离本宿距星的赤经差。不论哪一种方式，它的实质和现代天文学上广泛使用的赤道坐标系是一致的。而在欧洲，赤道坐标系的广泛使用却是在 16 世纪开始的。

1977 年在安徽阜阳出土了一件汉初的器物，是两块中心相通、叠在一起的圆盘。稍小的上盘，边缘均匀分布 365 个小孔。下盘边缘写有二十八宿名称和距度数，彼此间距和距度数相当。这些距度数和《开元占经》所列古度大体一致。上述圆盘的出土，证实了中国古代确实曾用过古度数据。古度数据只有赤经方面的量。因此，严格说来，这还不是一份完整的星表。但是，它的存在说明了中国古代天文学的发达，有力地证明了石氏星表的出现并不是偶然的。

石氏星表是后世许多天体测量工作的基础。诸如测量日、月、行星的位置和运动，都要用到其中二十八宿距度的数据。这是我国天文历法中一项重要的基本数据。从这个意义上讲，石氏星表也是战国到秦汉时期天文历法发展的一个重要基础。

现存最早和星数最多的石刻星图

星图是人们观测恒星、认识星空的一种形象记录，根据其坐标位置我们就可以比较方便地认识天上的星星，因而，它的意义就好像我们平时用的地图一样。

星图的绘制，在我国有比较悠久的历史。作为恒星位置记录的科学性星图，大约可以追溯到秦汉以前。早在新石器时代的陶尊上就发现画有太阳纹、月亮纹和星象的图案。到殷商奴隶社会时，已经有星名刻在甲骨片上。到了战国时代，大约公元前 3 世纪左右，我国便出现了正式的星图。在公元前四世纪前后或更早，中国的天文学家已开始对星空进行有计划的观测，并通过一种中国式的赤经和赤纬座漂系统，把当时的恒星位置记录下来，编辑成星表。其中对后世影响最大、流传较久的，是天文学家甘德、石申和巫咸分别完成的三本著作（公元前 370—270 年），可惜后来都相继失传。

在公元四世纪的三国时期，天文学家陈卓（310 年），把这三派的星表汇编在一起，加了注释，并根据这些数据，绘制了一幅恒星和星官图，所包含的恒星已有 1464 颗，星官（古代的星座）283 个。不过，今天大多数的天文史家相信，古代中国最早的星图绘制，应可追溯到汉代张衡（78—139）所绘的《灵宪图》，只可惜也是失传了。南北朝间（424—453 年），

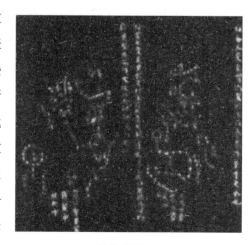

敦煌星图

星图

钱乐之根据陈卓的名单，绘成一种经过改良的星图。并用铜铸造了一个浑仪（即天球仪），以红、黑和白三色来标认三派天文学的观测记录。以后的一段长时间，更成为各家绘制星图时的参照基础。

著名的敦煌星图（940 年前后）是世界上现存最古老和星数最多的星图，属于这种着色星图的手抄本。敦煌星图大概绘制于唐代初期，内容相当丰富。图上共画有 1367 颗星，图形部分是按十二次的顺序，从 12 月份开始沿赤道上下连续分画成 12 幅星图，最后是紫微星图。文字部分采用了《礼记·月令》和《汉书·天文志》中的材料。

其实这个时期的古星图，基本上已具备了近代星图的两个主要特点，是当时世界上最先进的。这两个特点是：（1）中国星图所用的，是一种赤道坐标系，而当时欧洲所流行的，却是希腊式的黄道坐标系。他们维持了很久，直至到第谷时代（1546—1601）才放弃使用，改而采用赤道坐标系。（2）中国星图上赤道附近的恒星，是利用圆筒投影法，把恒星投影到星图上的。这个有效的方法，比后来欧洲的麦卡托所使用的类似投影法，早了 600 多年。

如果想更深刻地了解中国古星图在世界天文学发展史上的地位，我们可以阅读李约瑟博士在他的《中国科学技术史》一书内的一段文字："了解到世界其他各地绘制天图的情况，我们就会明白到，决不可轻视中国星图从汉到元、明这一完整的传统，公元 940 年左右的星图手稿是所有现存实物中最古老的一种。"

敦煌星图原藏于敦煌的莫高窟中，为卷轴形式。1907 年，它被斯坦因秘密地偷盗出国。该图现藏于伦敦大英博物馆，斯坦因编号为 MS3326。